T0123639

essentials

essentials liefern aktuelles Wissen in konzentrierter Form. Die Essenz dessen, worauf es als „State-of-the-Art" in der gegenwärtigen Fachdiskussion oder in der Praxis ankommt. *essentials* informieren schnell, unkompliziert und verständlich

- als Einführung in ein aktuelles Thema aus Ihrem Fachgebiet
- als Einstieg in ein für Sie noch unbekanntes Themenfeld
- als Einblick, um zum Thema mitreden zu können

Die Bücher in elektronischer und gedruckter Form bringen das Expertenwissen von Springer-Fachautoren kompakt zur Darstellung. Sie sind besonders für die Nutzung als eBook auf Tablet-PCs, eBook-Readern und Smartphones geeignet. *essentials:* Wissensbausteine aus den Wirtschafts-, Sozial- und Geisteswissenschaften, aus Technik und Naturwissenschaften sowie aus Medizin, Psychologie und Gesundheitsberufen. Von renommierten Autoren aller Springer-Verlagsmarken.

Weitere Bände in der Reihe http://www.springer.com/series/13088

Thomas Bedürftig · Karl Kuhlemann

Grenzwerte oder infinitesimale Zahlen?

Über Einstiege in die Analysis und ihren Hintergrund

Thomas Bedürftig
Leibniz Universität Hannover
Hannover, Deutschland

Karl Kuhlemann
Leibniz Universität Hannover
Altenberge, Deutschland

ISSN 2197-6708 ISSN 2197-6716 (electronic)
essentials
ISBN 978-3-658-31907-6 ISBN 978-3-658-31908-3 (eBook)
https://doi.org/10.1007/978-3-658-31908-3

Die Deutsche Nationalbibliothek verzeichnet diese Publikation in der Deutschen Nationalbibliografie; detaillierte bibliografische Daten sind im Internet über http://dnb.d-nb.de abrufbar.

Planung/Lektorat: Andreas Rüdinger
Springer Spektrum ist ein Imprint der eingetragenen Gesellschaft Springer Fachmedien Wiesbaden GmbH und ist ein Teil von Springer Nature.
Die Anschrift der Gesellschaft ist: Abraham-Lincoln-Str. 46, 65189 Wiesbaden, Germany

Was Sie in diesem *Essential* erwartet

- Der Weg von den alten infinitesimalen Größen bei Leibniz über die Grenzwerte bis in die Wende der Mathematik im 19. Jahrhundert.
- Die Darstellung der Problematik des Grenzwertbegriffs und des Hintergrundes der reellen Zahlen.
- Die Wiederkehr der infinitesimalen Größen als infinitesimale Zahlen und ihre Rolle im Einstieg in die Analysis.
- Gegenüberstellung und Vergleich, Beobachtung und Diskussion der Besonderheiten der Einstiege.
- Argumente für die Erweiterung von Standard um Nichtstandard.

Vorwort

Jeder, der den ganzen Verlauf der wissenschaftlichen Entwicklung kennt, wird natürlich viel freier und richtiger über die Bedeutung einer gegenwärtigen wissenschaftlichen Bewegung denken als derjenige, welcher nur die augenblickliche Bewegungsrichtung wahrnimmt.
Ernst Mach

„Grenzwerte oder infinitesimale Zahlen?" Manch ein Leser wird stutzen, wenn er die Titelfrage liest.

- Frage: Gibt es eine Alternative zu den Grenzwerten?

Die Antwort ist doppelt.

- Ja! Mathematisch.
- Vereinzelt! Methodisch.

Die infinitesimalen Zahlen, unendlich kleine Zahlen, *sind* die Alternative. Es gibt sie seit 60 Jahren. Sie und die hyperreellen Zahlen, die mit ihnen entstehen, gehören zur sogenannten *Nichtstandard-* oder *Nonstandardanalysis.* In der Forschung ist Nichtstandard längst Standard, in der elementaren Lehre aber und im Unterricht wird die Nichtstandardanalysis weitgehend ignoriert. Und sie wird gern abschätzig kommentiert, wie wir gleich lesen werden. Für ihre Anerkennung und gegen Ignoranz zu schreiben und um Klarheit zu schaffen, hierin liegt ein wesentliches Motiv für dieses Essential.

Woher kommen die infinitesimalen Zahlen? Braucht man sie überhaupt? Gibt es etwa ein Problem mit den Grenzwerten? Woher kommt die Missachtung und der Widerstand?

Wir müssen in die Geschichte schauen, um die heutige Situation zu verstehen. Wenn wir dies tun und in der notwendigen Kürze die historische Entwicklung von den infinitesimalen Größen zu den Grenzwerten und dann zu den infinitesimalen Zahlen verfolgen, so werden wir, wie es im Motto steht, „freier und richtiger“ über die „augenblickliche Bewegungsrichtung“, nämlich den Stillstand, in der Lehre und im Unterricht der Analysis urteilen können.

Und wir müssen natürlich in die Praxis schauen. Über Grenzwerte konkret im Einstieg in die Analysis müssen wir kaum etwas sagen. Das ist Alltag. Über dessen Hintergrund aber, über die reellen Zahlen und den Umgang mit den Grenzwerten, müssen wir berichten, da sich hier zweifelhafte Gewohnheiten ausgebildet haben.

Infinitesimale Zahlen im Unterricht sind mehr oder weniger unbekannt. Wir deuten den Einstieg an und können sehr konkret auf eine *Handreichung „dx, dy – Einstieg in die Analysis mit infinitesimalen Zahlen“* (Handreichung 2020) verweisen, die aus der Praxis heraus entstanden ist.

Karl Kuhlemann
Thomas Bedürftig

Inhaltsverzeichnis

1 Einleitung

Um einen ersten Eindruck zu erhalten, stellen wir infinitesimale Zahlen dx, dy und die Grenzwertbildung $\lim_{\Delta x \to 0}$ in einem Beispiel aus dem Einstieg in die Analysis einander gegenüber. Wir vergleichen die Bildungen der Ableitung von $y = f(x) = x^2$ in x_0. Links steht Nichtstandard, rechts Standard:

$$\frac{dy}{dx} = \frac{f(x_0+dx)-f(x_0)}{dx} = \frac{(x_0+dx)^2-x_0^2}{dx} = 2x_0 + dx.$$

Also $2x_0 + dx \approx 2x_0 = f'(x_0)$.

$$\frac{\Delta y}{\Delta x} = \frac{f(x_0+\Delta x)-f(x_0)}{\Delta x} = \frac{(x_0+\Delta x)^2-x_0^2}{\Delta x} = 2x_0 + \Delta x.$$

Also

$\lim_{\Delta x \to 0} 2x_0 + \Delta x = 2x_0 = f'(x_0)$.

Das sieht nur unspektakulär unterschiedlich aus. Links steht der *arithmetische Übergang* von der hyperreellen Zahl $2x_0 + dx$ zur reellen Zahl $2x_0$, rechts der *Grenzwertprozess* $\Delta x \to 0$ von der reellen Zahl $2x_0 + \Delta x$ zum Grenzwert $2x_0$. Rechts steht Mathematik, links ebenso.

Links steht nichts Verwerfliches. Wie kommt es dann aber zu dieser Art von Beobachtung? Wir zitieren E. Behrends:

> „Sie [die Analysis] wurde damals *Infinitesimalrechnung* genannt, man muss wohl davon ausgehen, dass sich die Gründerväter der Analysis wirklich so etwas wie ‚unendlich kleine Größen' beim Arbeiten vorgestellt haben. [...] Sie sind in guter Gesellschaft, wenn Sie mit dieser Interpretation Probleme haben, heute kann man kaum glauben, dass unendlich kleine Größen bis in die Zeit von CAUCHY und WEIERSTRAß, also bis in die Mitte des 19. Jahrhunderts, zum Handwerkszeug der Mathematiker gehörten. [...]"

T. Bedürftig und K. Kuhlemann, *Grenzwerte oder infinitesimale Zahlen?*, essentials,
https://doi.org/10.1007/978-3-658-31908-3_1

- „Sie sollten […] niemals (!) die Ausdrücke dy und dx als eigenständige Größen verwenden.“ (2003, S. 237)

Noch in der 6. Auflage (2015, S. 247) des Analysis-Lehrbuchs finden wir diese Sätze, hervorgehoben in einem grau unterlegten Kasten – und mit dem erhobenen Zeigefinger „(!)“. Man lächelt über die alten infinitesimalen Größen der Gründerväter und übersieht offenbar, dass dy und dx als infinitesimale Zahlen zurückgekehrt sind.

Interessant ist, wie Leibniz E. Behrends antwortet.

> „Wenn sich im folgenden jemand über den Gebrauch dieser Quantitäten beklagen wird, wird er sich entweder als ein Unkundiger (ignarum) oder als ein Undankbarer (ingratum) zeigen. […] Was wir über Unendliches und unendlich Kleines gesagt haben, mag einigen dunkel erscheinen, wie alles Neue; aber es wird von einem jeden durch mittelmäßiges Nachdenken (mediocri meditatione) leicht begriffen werden; wer es aber begriffen hat, wird den Ertrag erkennen.“ (1676, S. 128/129)

Wir werden sehen.

Um Abstand und Übersicht zu gewinnen, beginnen wir mit einem Blick in die Geschichte.

Aus der Geschichte

2

2.1 Infinitesimales bei Leibniz

Was waren diese unendlich kleinen „Quantitäten“ bei Leibniz? Man spricht auch von den „*Infinitesimalien*“. Viel darüber sagt der Satz:

> „Man muß aber wissen, daß eine Linie nicht aus Punkten zusammengesetzt ist, [...] auch eine Fläche nicht aus Linien, ein Körper nicht aus Flächen, sondern eine Linie aus Linienstückchen *(ex lineolis)*, eine Fläche aus Flächenstückchen, ein Körper aus Körperchen, die unendlich klein sind *(indefinite parvis)*.“ (*Mathematische Schriften*, Bd. 7, S. 273)

Wir halten uns an den linearen Fall, an die Linie. Infinitesimalien waren

- geometrisch unendlich kleine, „infinitesimale“ Strecken und
- arithmetisch deren infinitesimale Größen.
- Sie waren teilbar,
  also *keine* Atome – oder Indivisibilien, wie sie damals hießen.

Symbole wie dx, dy, die heute bedeutungslos sind, bedeuteten beides, Strecken und Größen. Das Zusammenspiel der geometrischen Vorstellung und der Arithmetik der infinitesimalen Größen kommt in der Tangentenbestimmung an Kurven zum Ausdruck. Die erste Skizze zeigt, wie man damals dachte, nämlich wie heute. Man zeichnete Sekantendreiecke und ließ sie mit Δx immer kleiner werden:

T. Bedürftig und K. Kuhlemann, *Grenzwerte oder infinitesimale Zahlen?*, essentials,
https://doi.org/10.1007/978-3-658-31908-3_2

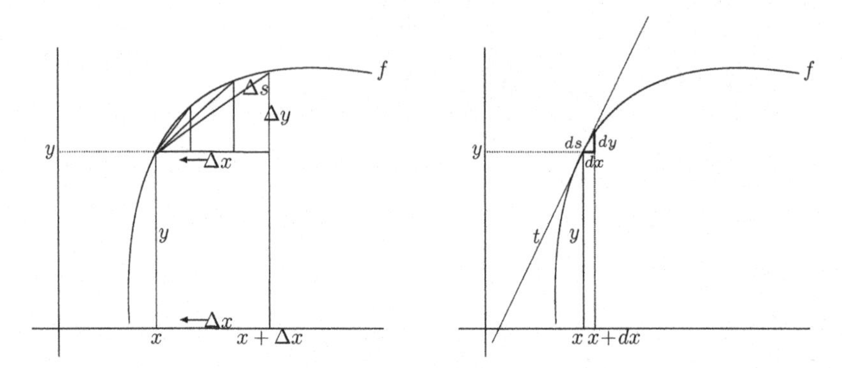

Heute denken wir so: Die Δx verschwinden im unendlichen Prozess und mit ihnen die Dreiecke. Anders dachte Leibniz.

Das, was man „kaum glauben" kann, zeigt die zweite Skizze: Quasi am Ende des Prozesses stand bei Leibniz ein kleines, winziges Dreieck. Es war *unendlich klein.* Man konnte es nicht sehen, aber man hat es sich vorgestellt und sichtbar gemacht. Es hieß das „charakteristische Dreieck". Seine Hypotenuse bestimmte anschaulich die Tangente.

Das Rechnen ging ebenso „unglaublich", auch wenn der Unterschied zum Nichtstandard-Beispiel zu Beginn der Einleitung kaum sichtbar ist. Wenn wie oben wieder $y = f(x) = x^2$ ist, beginnt Bernoulli (1691) die Berechnung des Differentialquotienten genau so, wie man heute nichtstandard rechnet:

$$\frac{dy}{dx} = \frac{f(x_0 + dx) - f(x_0)}{dx} = \frac{(x_0 + dx)^2 - x_0^2}{dx} = \frac{x_0^2 + 2x_0 dx + dx^2 - x_0^2}{dx} = 2x_0 + dx.$$

Dann aber kommt das „Unglaubliche": Weil dx unendlich klein, ist „*also*"

$$\frac{dy}{dx} = 2x_0 + dx = 2x_0$$

die Steigung der Hypotenuse des charakteristischen Dreiecks und der Tangente.

„Also?" Da stimmt doch etwas mit der Logik und Arithmetik nicht? $2x_0 + dx = 2x_0$? Leibniz' Schüler und Schülersschüler haben mit dem unendlich kleinen $dx \neq 0$ gerechnet und dann so gedacht:

> „Eine Größe, die vermindert oder vermehrt wird um eine unendlich kleinere Größe, wird weder vermindert noch vermehrt."

Das ist das Postulat 1 Johann Bernoullis in seinem Lehrbuchentwurf (Bernoulli 1691). Es gab vernichtende Kritik, und dennoch rechnete man so – bis in die zweite Hälfte des 19. Jahrhunderts hinein und überaus effektiv und erfolgreich. Eine neue Analysis, die heutige, nahm mit den Infinitesimalien ihren Anfang.

2.2 Infinitesimalien und Grenzwerte, Cauchy und Weierstraß

Bereits Leibniz dachte auch anders. In einem Brief (September 1701) an François Pinsson schreibt Leibniz:

> „Denn anstelle des Unendlichen oder des unendlich Kleinen nimmt man so große oder so kleine Größen, wie nötig ist, damit der Fehler geringer sei, als der gegebene Fehler, […].“ (Zitiert nach (Jahnke 1999), S. 125)

Das sieht doch nach Grenzwert aus? Wir setzen x, δ, ε ein:

> „Denn anstelle des Unendlichen oder des unendlich Kleinen nimmt man so große oder so kleine Größen (x), wie nötig ist ($< \delta$), damit der Fehler geringer sei, als der gegebene Fehler ($< \varepsilon$), […].“

Geht Leibniz zu den Grenzwerten über? Nein! Er denkt Grenzwerte wie wir heute. Aber Rechnen mit Grenzwerten, ein Grenzwertformalismus, war damals *undenkbar.*

Wir schauen auf zwei weitere „Gründerväter“ der Analysis, auf A. Cauchy und K. Weierstraß.

1821, 120 Jahre später, lesen wir bei Cauchy (zitiert nach (Jahnke 1999), S. 196)[1]:

> „Unter dieser Voraussetzung ist die Funktion $f(x)$ zwischen den festgesetzten beiden Grenzen der Veränderlichen x eine stetige Funktion dieser Veränderlichen, wenn für jeden zwischen diesen Grenzen gelegenen Wert x der numerische Wert der Differenz $f(x + \alpha) - f(x)$ mit α zugleich so abnimmt, dass er kleiner wird als jede endliche Zahl.
>
> *Mit anderen Worten:*
>
> Die Funktion $f(x)$ wird zwischen den gegebenen Grenzen stetig in Bezug auf x sein, wenn zwischen diesen Grenzen ein unendlich kleiner Zuwachs der Veränderlichen stets einen unendlich kleinen Zuwachs der Funktion bewirkt.“

---

[1] Hervorhebungen und Strukturierung durch die Autoren.

Cauchy gilt als Vater der Grenzwertformulierungen. Was aber sehen wir? Grenzwerte und unendlich Kleines stehen unmittelbar nebeneinander. Die Worte sind anders – und bedeuten das Gleiche.

Vielsagend und noch deutlicher ist die folgende Formulierung an gleicher Stelle:

> „Wenn die ein und derselben Veränderlichen nach und nach beigelegten numerischen Werte beliebig so abnehmen, dass sie kleiner als jede gegebene Zahl werden,
>
> *so sagt man,*
>
> diese Veränderliche wird unendlich klein oder: sie wird eine unendlich kleine Zahlgröße.
>
> Eine derartige Veränderliche hat die Grenze 0."

Wir wollen diese Formulierung

- „Cauchy-Prinzip"

nennen. Was Bernoulli oben unklar, für heutige Ohren „unlogisch", postuliert hatte, drückt es klar aus:

- Rechne mit „unendlich kleinen Zahlgrößen" ungleich Null.
- Gehe dann zur „Grenze 0" über.

Der Vater der Grenzwerte brachte das Rechnen mit den Infinitesimalien auf den Punkt.

Mit Weierstraß verbindet man die endgültige Grundlegung der Analysis durch den Grenzwertbegriff. Bei ihm finden wir Formulierungen, wie wir sie heute formulieren. 1861 lesen wir (zitiert nach (Jahnke 1999), S. 236)[2]:

> „[...] Ist $f(x)$ eine Funktion von x und x ein bestimmter Wert, so wird sich die Funktion, wenn x in $x+h$ übergeht, in $f(x+h)$ verändern; die Differenz $f(x+h)-f(x)$ nennt man die Veränderung, welche die Funktion dadurch erfährt, dass das Argument von x in $x+h$ übergeht.
>
> Ist es nun möglich, für h eine Grenze δ zu bestimmen, so daß für alle Werte von h, welche ihrem absoluten Betrag nach kleiner als δ sind, $f(x+h)-f(x)$ kleiner werde als irgendeine noch so kleine Größe ε,
>
> *so sagt man,*
>
> dass dieselbe eine *continuierliche Funktion* sei."

[2] Hervorhebungen und Strukturierung durch die Autoren.

Das ist perfekt. Umso mehr wird es erstaunen, wenn wir beichten, dass wir die Hälfte unterschlagen haben. Vollständig – nach dem ersten Satz beginnend – lautet das Zitat so:

> „[…] Ist es nun möglich, für h eine Grenze δ zu bestimmen, so daß für alle Werte von h, welche ihrem absoluten Betrag nach kleiner als δ sind, $f(x+h) - f(x)$ kleiner werde als irgendeine noch so kleine Größe ε,
>
> *so sagt man,*
>
> es entsprechen unendlich kleinen Änderungen des Arguments unendlich kleine Änderungen der Funktion. […] Wenn nun eine Funktion so beschaffen ist, daß unendlich kleinen Änderungen des Arguments unendlich kleine Änderungen der Funktion entsprechen, so sagt man,
>
> dass dieselbe eine *continuierliche Funktion* sei."

Man sagte das eine, und dachte das andere und umgekehrt. Die Grenzwertformulierung ist bei Weierstraß präzise da und wird doch mit dem damals geläufigen unendlich Kleinen verbunden. Man unterschied die Vorstellung des Infinitesimalen und des Grenzwertes nicht klar. Warum? Man *konnte* sie nicht klar unterscheiden.

Wir fassen die Situation zusammen:

- Man *sagte*
  „kleiner als jedes vorgegebene ε".
- Man *dachte*
  „kleiner als alle ε".
- Die *logische* Struktur in den Formulierungen war unklar.
  Die Vorstellung des *Vorgebens einzelner Elemente* war nicht unterschieden von der Vorstellung der *Vorgabe „aller" Elemente.*
- Die klare Unterscheidung „Variable" (Veränderliche) und „Konstante" gab es nicht.

2.3 Grenzwerte – und die Folgen

Wir formulieren in diesem Abschnitt sehr kurz, nicht aber verkürzt. Zu vielem machen wir nur pointierende Stichpunkte, hinter denen sich teils lange Entwicklungen und gravierende Veränderungen verbergen.[3]

[3] vgl. (Bedürftig/Murawski 2019), Kap. 3 bis 5, und (Bedürftig 2021).

Was waren die Probleme? Was war zu tun?

- Problem: *Die Fachsprache.* Sie war „dialogisch".
  Agendum: *Logik.* Zur Klärung brauchte es eine logische Durchdringung der Formulierungen.
- Problem: *Das Unendliche.* Man operierte mit dem Infiniten in den Infinitesimalien, verstand es aber nicht.
  Agendum: *Finitisierung.* Sie zeichnete sich in den Grenzwertformulierungen ab, die nur finite Größen verwendeten.
- Problem: *Grenzwerte.* Zahlen strebten gegen geometrische Größen.
  Agendum: *Arithmetisierung.* Die Zeit rief nach einer einheitlichen arithmetischen Grundlage.

Die mathematische Wende

Die Geschichte der Infinitesimalien und Grenzwerte begann, wie wir sahen, gemeinsam. Die Begriffe waren nicht klar voneinander unterschieden und differenzierten sich erst allmählich. Noch einmal lesen wir sie 1861 quasi in einem Atemzug bei Weierstraß. Dort aber, in der Formulierung der Stetigkeit, ist die logische Struktur schon präzise da. Wir würden mit den heute geläufigen logischen Symbolen so schreiben:

- $\forall \varepsilon > 0 \, \exists \delta > 0 \, \forall h \, (|h| < \delta \Rightarrow |f(x+h) - f(x)| < \varepsilon)$.

Die Charakterisierung der Cauchy-Folgen etwa, die eine wichtige Rolle spielen werden, sieht so aus:

- $\forall \varepsilon > 0 \, \exists N \, \forall n, m \, (n, m > N \Rightarrow |a_n - a_m| < \varepsilon)$.

Diese modernen, von der Logik geprägten Formulierungen zeigen deutlich, was damals, zu Cauchys und Weierstraß' Zeiten, fehlte: die präzise logische Strukturierung der mathematischen Aussagen. Erst nach Frege und Peano drang sie allmählich in den mathematischen Alltag vor.

Die Logik offenbart ein weiteres gravierendes Problem *hinter* den Formulierungen. Sehen wir uns die Quantoren an:

- $\forall\varepsilon$? $\forall h$? $\forall n$? *Welche* sind „alle“?

Worüber erstreckt sich der Quantor $\forall$, würden wir heute sagen. Damals waren das

- *unendliche,* also *offene, diffuse* Bereiche von Zahlen und Größen.

Das Ziel war, die Unendlichkeit in den Infinitesimalien zu eliminieren. Was geschieht?

- Die *Finitisierung,* die Elimination des Unendlichen, rief nach den *unendlichen Mengen.*

Das sind die Stationen:

- Cantor erfand die **unendlichen Mengen.**
- Die **reellen Zahlen** wurden 1872 konstruiert.
- Was ist eine reelle Zahl?
  Eine reelle Zahl ist eine Menge von Mengen (Folgen) (r_n) rationaler Zahlen, die Mengen von Mengen (Paaren) natürlicher Zahlen sind.
- Kurz: Reelle Zahlen sind unendliche Mengen (von unendlichen Mengen von unendlichen Mengen . . .).
- Die **Finitisierung** mündete in eine phantastische **Infinitisierung.**
- Die **Arithmetisierung** führte in die **Mengentheorie.**

Was ist damals passiert?

Die Grundlagen der alten Mathematik waren Anschauung, Wirklichkeit und Philosophie gewesen. Arithmetik und Zahlentheorie auf der einen Seite, Geometrie und Größenlehre auf der anderen entstanden. Algebra und Analysis kamen in der frühen Neuzeit hinzu. Im 19. Jahrhundert geschah eine Revolution. Das Bild der Mathematik veränderte sich gravierend:

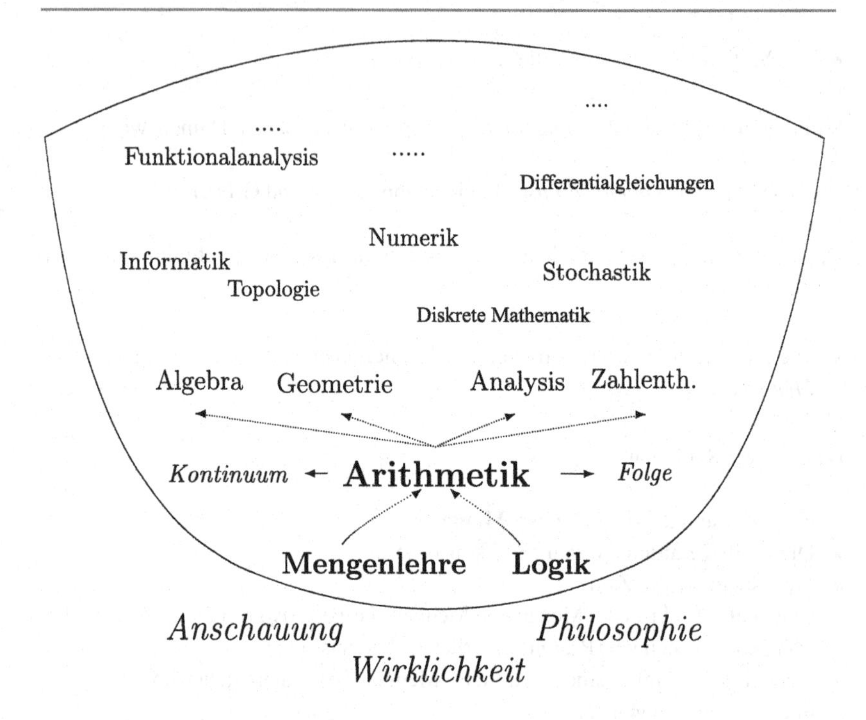

Die Mathematik schuf sich ihre eigenen Grundlagen, die Mathematischen Grundlagen: Mengenlehre und Logik. Sie begründeten die Arithmetik. Diese sagte, was Folgen sind, nämlich Bilder von $\mathbb{N}$ – und was das Kontinuum ist – nämlich $\mathbb{R}$. Die Arithmetisierung, die reine Mathematik, war vollendet. Eine unglaubliche Entfaltung mathematischer Einzeldisziplinen setzte ein. Axiomatik, exemplarisch in den *Grundlagen der Geometrie* im Jahr 1899 von D. Hilbert vorgegeben, bildet seitdem den Rahmen der Disziplinen, zu denen die Mathematischen Grundlagen selbst, Mengenlehre und Logik, gehören.

Die reine Mathematik erhebt sich seitdem über die unreine Wirklichkeit und Anschauung – und ist von der Philosophie geschieden, die einstmals die Begriffe lieferte. Mathematik, früher ontologisch gebunden, ist **höhere Mathematik**, ist **Theorie** geworden: ein theoretischer, in sich geschlossenes Corpus theoretischer Disziplinen. Das zeigt das obige Bild. Kurz:

- Mathematik wurde Theorie.
- Theorie brauchte Axiomatik.
- Axiomatik brauchte Logik.

Ausgangspunkt der großen Entwicklung waren die Infinitesimalien gewesen. Wir haben ihre allmähliche *Mutation* zu den formalen mengentheoretisch-logischen Grenzwerten beobachtet, die schließlich ihre infinitesimalen Vorfahren verdrängten, ja verjagten. G. Cantor verfluchte sie als

> „infinitären Cholera-Bazillus der Mathematik" (s. (Meschkowski 1962), S. 506).

Der epochalen mathematischen Erfolgsgeschichte steht eine massive methodische Problemgeschichte gegenüber.

Methodische Abwege

3

Die Überschrift klingt hart. Wir werden sie rechtfertigen müssen.

Wie sollte man die neue, höhere Mathematik lehren und unterrichten? Ende des 19. Jahrhunderts und zu Beginn des 20. Jahrhunderts gab es kleine Aufstände an Technischen Hochschulen und eine antimathematische Bewegung (s. (Purkert 1990), S. 189). Das Argument richtete sich gegen die Arithmetisierung:

> „Die streng arithmetische Behandlung der Mathematik ist für den Techniker ungeeignet."

Es gab durchaus Einsicht auf mathematischer Seite. F. Klein sagte 1896 (s. (Purkert 1990), S. 191):

> „Wir haben durch einseitige Überspannung der logischen Form in diesen Kreisen viel von der allgemeinen Geltung verloren, [...]."

Das Problem der „Überspannung" besteht in der Lehre heute wie damals. Notwendig. Wir sahen es oben: Die Mathematik hat Anschauung und Wirklichkeit verlassen und ist ins Abstrakte aufgestiegen. Sie ist höhere Mathematik geworden und hat sich von der Welt der Lernenden entfernt.

- Hier liegt noch heute eine der Ursachen für das *Problem des Übergangs von der Schule zur Universität.*

Wir werden dies an diversen Beispielen sehen.

Im Mathematikunterricht hat man vor der Logik und den unendlichen Folgen längst kapituliert.

T. Bedürftig und K. Kuhlemann, *Grenzwerte oder infinitesimale Zahlen?*, essentials, https://doi.org/10.1007/978-3-658-31908-3_3

- Man hat sich auf einen beliebigen „**propädeutischen Grenzwertbegriff**“ zurückgezogen.

Worin besteht dieser **Scheinbegriff**? In den alten geometrisch-anschaulichen Empfindungen des Strebens und Näherns! Diese werden aufwendig durch digitale Simulationen unterstützt, an deren endlichem Ende, dem immer ein unendlicher Prozess folgt, der Grenzwert *erahnt* wird. Der Abgrund des unendlichen Prozesses bleibt zwischen den Simulationen und dem Grenzwert. Der Grenzwert ist nicht bestimmt. Lernende werden zu den Grenzwerten „überredet“.

In die Analysis I kommen die Studienanfänger unvorbereitet. Denn in der Schule kommt der logische Grenzwertformalismus nicht vor oder er bleibt abstrakt, fremd und unverstanden. Unsere These:

- **Probleme** mit den Grenzwerten im Unterricht und der Lehre **sind unvermeidlich.**

3.1 Reelle Zahlen und Grenzwerte

Was sind Grenzwerte? Die erste Antwort ist:

- Grenzwerte sind reelle Zahlen.

Dafür sind die reellen Zahlen erfunden worden. Sie aber sind das erste

- **Problem:** Was sind reelle Zahlen?

Wir haben das schon oben sehr kurz gesagt:

- Eine reelle Zahl ist eine Menge von Mengen (Folgen) (r_n) rationaler Zahlen, die Mengen von Mengen (Paaren) natürlicher Zahlen sind.

Kein Lehrender im Unterricht wird so etwas sagen, auch wenn es die Wahrheit ist:

- Eine reelle *Zahl* ist eine *Menge.*

Kaum ein Lehrender in der Lehre wird die Konstruktion der reellen Zahlen lehren. Was tut man?

Man lehrt eine Art *Axiomatik* der reellen Zahlen.

Da gibt es in der Lehre viele Niveaus von „Strenge“, von denen aber auch die strengen nicht wirklich streng sind[1]. Für die Schule ist an eine Strenge gar nicht zu denken.

- Das **Problem** ist das Vollständigkeitsaxiom.

Die Vollständigkeit, in ihren geläufigen Formulierungen (vgl. (Knoche/Wippermann 1986), S. 21), postuliert, was sie begründen soll: Grenzwerte. Die Vollständigkeit bleibt so propädeutisch wie diese, also eine vage Vorstellung. Diese stützt man mit einem

- **phantastischen Kunstgriff:**

> „Die reellen Zahlen werden also gleich zu Beginn durch die Gesamtheit **aller** Punkte der Zahlengeraden erklärt und als gegeben angesehen.“[2] (Padberg et al. 2010, S. 159)

Das wird nicht immer so öffentlich gesagt, aber in der Regel so getan. Denn man muss anschaulich sein. Die „elementare Grundvorstellung“ der „lückenlosen Zahlengeraden“ (a.a.O.) bietet angeblich die Anschaulichkeit – und liefert die geometrische Vollständigkeit.

Was geschieht hier? Man stellt auf den Kopf, was die Gründerväter der reellen Zahlen kunstvoll aufgebaut haben. Sie konstruierten $\mathbb{R}$, sie kopierten $\mathbb{R}$ in die Gerade – dass das geht, sieht Cantor als *Axiom* an – und erklärten die reellen Punkte zu „**allen**“ Punkten der Geraden. Die Gerade wurde zur *Kopie von* $\mathbb{R}$.

Was also machen wir, wenn wir die „Gesamtheit **aller** Punkte“ der Geraden zu $\mathbb{R}$ „erklären“? Wir schaffen ein absurdes

- **Problem:** Wir führen $\mathbb{R}$ als **Kopie der Kopie** von $\mathbb{R}$ ein.

„Problem“ ist hier noch verniedlichend gesagt: Der phantastische Kunstgriff „Zahlengerade“ ist weder mathematisch noch methodisch haltbar. Er ist **illegitim.** Es

[1] vgl. (Kuhlemann 2018a), https://www.karlkuhlemann.net/start/forschung/

[2] Fettdruck original

kann nicht das Ergebnis, die reelle Zahlengerade, zur Voraussetzung gemacht werden. Die *überabzählbare Punktmenge* der Zahlengeraden ist keine „anschauliche Grundvorstellung“. $\mathbb{R}$ ist ein kunstvolles theoretisches **Modell** der geometrischen Geraden.

Es kommt schlimmer. Unsere *Mengenauffassung* der Geraden ist ein

- **Problem:** Die Gerade, und damit die Zahlengerade, ist keine Punktmenge.

Dass eine Linie nicht aus Punkten *zusammengesetzt* ist, wie Leibniz es sagte, daran sei hier nur erinnert. In unseren mathematischen Vorstellungen ist eine Gerade eine *Menge.* Sie *zerfällt* in isolierte Punkte, die wir *zusammenfassen.* Die Isolation der Punkte versuchen wir durch mengentheoretische Eigenschaften zu kitten. Das aber gelingt nicht. Seit es Nichtstandard gibt, ist die Mengenauffassung mathematisch widerlegt. Es gibt Nichtstandardmodelle beliebig großer Kardinalität (Bedürftig/Murawski 2019, S. 234 f.).

- Der **mathematische Atomismus** des Kontinuums ist **gescheitert.**

Wir wiederholen: Das erste Problem sind die reellen Zahlen, ohne die es Grenzwerte nicht gäbe. Hinzu kommen die mathematischen Vorstellungen und Gewohnheiten, die sich um sie herum gebildet haben: Kontinua sind überabzählbare Punktmengen, $\mathbb{R}$ ist das lineare Kontinuum, Funktionen sind überabzählbare Wertetabellen. Diese Vorstellungen sind *Mathematikern* eine Art Wirklichkeit geworden, die man versucht den Lernenden zu vermitteln.

Die Welt der *Lernenden* in der Schule aber ist eine andere. Sie kommt aus der Wirklichkeit über die Anschauung und entsteht aus dem Tun. Sie ist eine stetige Welt. Die Welt der Mathematik dagegen ist eine Welt von Mengen, die in Elemente zerfällt und versucht, die Stetigkeit abstrakt mengentheoretisch-logisch zu rekonstruieren. Es ist eine besondere Herausforderung, das Natürlichste ihrer Welt, Stetigkeit, Lernenden beibringen zu wollen. Wir gehen im Abschn. 6.2 darauf ein.

Es wird selten gesagt: Das Problem des Übergangs von der Schule zur Universität liegt in der Mathematik selbst. Lehrende, die die Probleme im Fundament nicht sehen oder ignorant leugnen, verschärfen das Problem.

- Das **Problem** ist unvermeidlich.

Schauen wir uns weitere Kunst- und Fehlgriffe an, die aus dem methodischen Fehlgriff „Zahlengerade“ folgen und daher ebenso illegitim sind.

3.2 „Die Zahl" $\sqrt{2}$

Dieser Fall ist so bezeichnend und eklatant, dass wir hier eine kurze Bemerkung machen, auch wenn er nicht unmittelbar zur Grenzwertproblematik gehört. Wir verweisen auf (Bedürftig/Murawski 2019, Abschn. 1.1).

Wenn es um die Einführung der reellen Zahlen geht, ist eine der ersten Aussagen der

Satz: $\sqrt{2}$ ist irrational.

Das suggeriert den

Satz: **Die Zahl** $\sqrt{2}$ ist irrational.

„Die Zahl“ ist Betrug. Denn vor der Einführung der reellen Zahlen gibt es nur rationale Zahlen. „Irrational“ heißt „nicht rational“. Also gilt der

- Satz: $\sqrt{\mathbf{2}}$ ist **keine Zahl.**

$\sqrt{2}$ ist ein Term, sonst nichts. Die Irreführung wird so kaschiert:

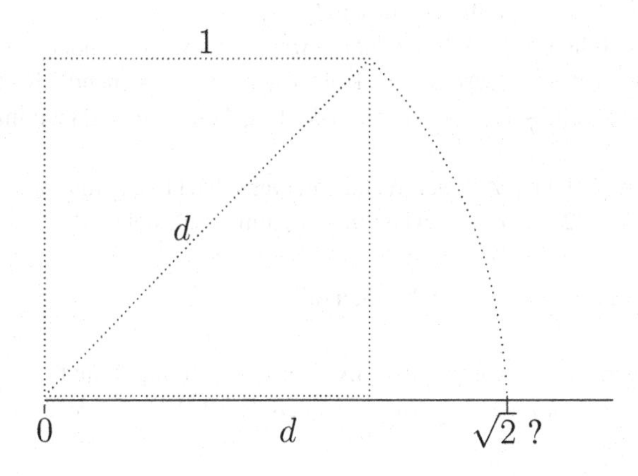

Da liegt die Zahl. Nämlich auf der Zahlengerade, auf der jeder Punkt eine Zahl ist. Die Zahlengerade ist so präsent, ja real, dass selbst der Lehrende, in der Regel, die Täuschung nicht erkennt. Sieht er sie, schweigt er – wieder: in der Regel –, da sie Alltag ist und es keine Alternative zu geben scheint. Man nimmt den Lernenden die Gelegenheit, $\sqrt{2}$ zur Zahl zu *machen* (s. z. B. Bedürftig/Murawski 2019, 1.3), und die Möglichkeit, zumindest einen Blick in das theoretische Kunstwerk der reellen Zahlen zu werfen.

Kunstgriff „Intervallschachtelungen"

Intervallschachtelungen gelten als besonders anschaulich, wenn man reelle Zahlen einführt. Bei Intervallschachtelungen kann man förmlich *sehen,* wie sie sich auf einen Punkt zusammenziehen:

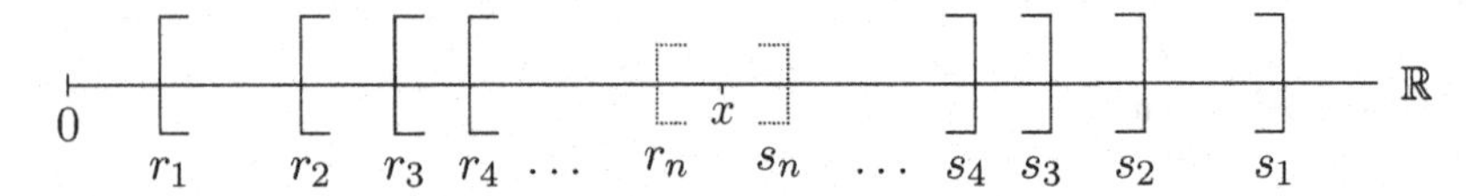

Zwischenfrage: Wieso eigentlich ein Punkt? Wie kann aus Intervallen ein Punkt werden? Warum ist der Schnitt über alle Intervalle – *geometrisch* – kein Intervall?

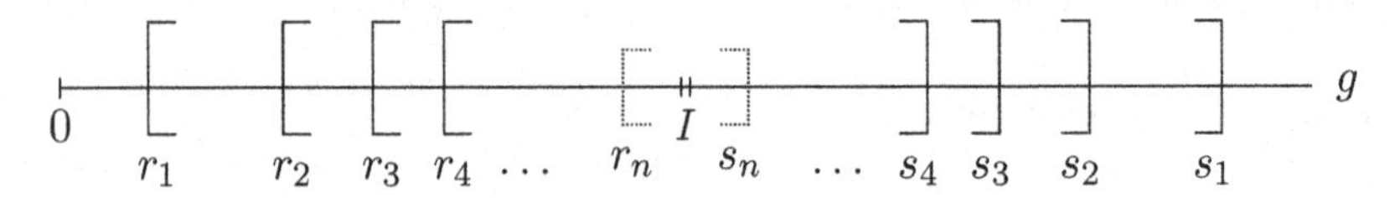

Das Intervall könnte unendlich klein sein?

Es zeigt sich hier potentiell das *Infinitesimale.* Es verschwindet erst, wenn wir die *Archimedizität* voraussetzen, also denken, dass es nichts unendlich Kleines gibt, das kleiner ist als alle $\frac{1}{n}$. So denken wir in der Regel unbewusst, da wir immer schon „ℝ" denken.

Das Heron-Verfahren z. B. liefert eine Intervallschachtelung mit *rationalen* Intervallgrenzen für $\sqrt{2}$. Man sieht, wenn man archimedisch sieht:

- $\sqrt{2}$ ist der Punkt im Innern aller Intervalle.

Was ist passiert? Die geläufige Identifikation von Zahl und Punkt, die so spontan ist, weil wir „ℝ *ist die Zahlengerade*" denken. Wir haben gerade gesagt, dass das nicht legitim ist. Es geht vielmehr um die mengentheoretische Konstruktion einer *Zahl:*

- $\sqrt{2}$ soll eine Zahl sein, kein Punkt.

Weiter: Bei der Einführung der reellen Zahlen findet die Intervallschachtelung über den rationalen Zahlen $\mathbb{Q}$ statt. Wir wissen:

- Der Schnitt über alle rationalen Intervalle ist – arithmetisch – leer.

Wir stehen mit – wörtlich – leeren Händen da.

Was kann man tun? Niemand wird $\sqrt{2}$ als Klasse von Intervallschachtelungen einführen, wie man es mathematisch tun müsste. Für den Lernenden wäre, täte man es doch, eine Klasse von Intervallschachtelungen der Grenzwert eben dieser Intervallschachtelungen, zudem von Intervallschachtelungen, die den geometrischen Punkt $\sqrt{2}$ nicht erreichen. Psychologisch wäre das so absurd, wie es mathematisch genial ist (vgl. Bedürftig/Murawski 2019, S. 22).

Kurz: Der Kunstgriff „Intervallschachtelungen" ist im Unterricht nicht möglich.

3.3 Weitere Kunstgriffe

Wir müssen uns kurz halten und gehen nach der bisherigen Problemdarstellung zum Referieren über (vgl. (Bedürftig 2018)).

Unendliche Dezimalbrüche

$\sqrt{2} = 1{,}414213\ldots$ ist ein unendlicher Dezimalbruch. Das ist Alltag. Aber was ist $1{,}414213\ldots$? Es ist die Folge

$$1;\ 1{,}4;\ 1{,}41;\ 1{,}414;\ 1{,}4142;\ 1{,}41421;\ 1{,}414213;\ \ldots,$$

also eine unendliche Folge *rationaler Zahlen.* Das soll eine Zahl sein? Eine irrationale Zahl? Der Grenzwert der Folge? Woher kommt diese Zahl, wo nur rationale Zahlen da sind? K. Weierstraß kommentiert die Frage klar so:

> „Wenn wir von der Existenz rationaler Zahlgrößen ausgehen, so hat es keinen Sinn, die irrationalen als Grenzen derselben zu definieren, weil wir zunächst gar nicht wissen, ob es außer den rationalen noch andere Zahlgrößen gebe." (Weierstraß 1886, S. 58)

Das ist die arithmetische Situation bei der Einführung der reellen Zahlen.

Stellen wir uns die rationalen Zahlen der obigen Folge geometrisch als Punkte auf der Geraden veranschaulicht vor. Du Bois-Reymond äußert sich sehr scharf:

> „Man fordert auch in der Tat Unmögliches, wenn eine aus den gegebenen Punkten herausgegriffene Punktfolge einen zu den gegebenen nicht gehörigen Punkt bestimmen soll. Für so undenkbar halte ich dies, daß ich behaupte, keine Denkarbeit werde einen solchen Beweis für das Dasein des Grenzpunktes je einem Gehirn *abfoltern*[3] und vereinigte es *Newtons* Divinationsgabe [Wahrsagekunst], *Eulers* Klarheit und die zermalmende Gewalt *Gaußischen* Geistes.“ (Du Bois-Reymond 1882, S. 67, zitiert nach (Becker 1954), S. 257)

Das ist drastisch. Foltern wir im Unterricht und merken es nicht? Wir präsentieren die Folge 1; 1,4; 1,41; 1,414; 1,4142; 1,41421; 1,414213; ... und sehen das Problem nicht?

- Das **Problem** ist die Folge 1; 1,4; 1,41; 1,414; 1,4142; 1,41421; 1,414213; .... Denn sie erreicht $\sqrt{2}$ nicht.
- Was ist die mathematische **Lösung**?
- Das **Problem** ist die **Lösung**! Man definiere $\sqrt{2} := (1; 1{,}4; 1{,}41; 1{,}414; 1{,}4142; 1{,}41421; 1{,}414213; \ldots)$.

Kurz und allgemein:

- Grenzwerte sind *die* Folgen, die sie nie erreichen.

Wir wiederholen uns: Mathematisch ist das genial, psychologisch absurd. Lernende verstummen und bleiben verwirrt zurück.

Unendliche nichtperiodische Dezimalbrüche

Wir haben die Besonderheit der unendlichen Folge 1,414213... noch gar nicht angesprochen: Wir fragen uns, was hier die Pünktchen „...“ bedeuten. Pünktchen stehen gewöhnlich für „usw.“, für eine erkennbare Reihenfolge. Wir wissen, dass das hier gerade nicht der Fall ist.

> „...“ bedeutet hier „**nicht** so weiter!“. Und das „**ohne** Ende!“.

[3]Hervorhebung nicht original.

Womit haben wir es tun? Mit zwei *Negationen.* Man weiß nicht, wie 1,414213... weiter geht. Eine Reihenfolge ist nicht erkennbar. Die Berechnung der Stellen ist nie abgeschlossen. Wir haben keinen wirklichen Be*griff* von 1,414213.... Wie kann man da $\sqrt{2} = 1{,}414213\ldots$ schreiben?

Die Ausflucht, man könne doch Stelle für Stelle berechnen, ist untauglich und illegitim. Denn es entsteht, auch mit den größten Rechnern, nur ein endlicher Abschnitt eines offenen unendlichen Prozesses. Zudem handelt es sich um einen *externen,* realen Prozess. Die Ausrede kommt aus der Ebene realer Rechner, d. h. aus einer praktischen, nicht-arithmetischen *Metaebene.* Es bleibt dabei: Wir haben keinen Begriff von $\sqrt{2} = 1{,}414213\ldots$.

Wir sagen es *pointiert.* Die Lösung, die wir parat haben und mit der wir leben, passt zum berühmten Mephisto-Wort:

> „Denn eben wo Begriffe fehlen,
> Da stellt ein Wort zur rechten Zeit sich ein."

Das Wort ist:

- „Unendlich nichtperiodisch". Es ist ein **Wort** – nicht nur für Schüler – **ohne Begriff.**

Endgültig problematisch ist es, von der Menge *aller* unendlichen nichtperiodischen Dezimalbrüche zu sprechen. Das sind überabzählbar viele, von denen die algebraischen wie $\sqrt{2}$, für die man sich ein meta-arithmetisches Verfahren vorstellen kann, nur ein verschwindender Bruchteil (0 Prozent) sind.

Unendliche nichtperiodische, d. h. **nicht** endliche, **nicht** periodische, Dezimalbrüche setzen einige Mengentheorie voraus (vgl. Bedürftig 2018, S. 287 f.).

- Im Unterricht ist das Problem nicht zu bewältigen.

P. Lorenzen bemerkt 1957:

> „Von einer Aufeinanderfolge unendlich vieler Ziffern zu reden, ist also – wenn es überhaupt nicht Unsinn ist – zumindest ein großes Wagnis. Hierüber wird im mathematischen Unterricht zur Zeit aber meist kein Wort verloren." (Zitiert nach Thiel 1982, S. 327)

Es sieht so aus, als wenn das Problem heute keiner mehr sehen will.

Zwischenhalt

4

Wir glauben, wir haben genug Probleme gesehen, die uns Grenzwerte methodisch machen, um nach einer Alternative zu suchen. Wir können und wollen die Grenzwerte nicht ausschließen, da sie überall präsent sind. Aber nach einer Erweiterung der Elemente im Einstieg und nach einem methodischen Ausweg werden wir uns umsehen.

Unendlichkeit

Hinter allen Problemen, die wir vorgestellt haben, steht die Unendlichkeit, die im 19. Jahrhundert aktual geworden ist. In ihr sehen wir das grundsätzliche Problem, das uns klein erscheint, für den Lernenden aber groß, oft riesengroß ist. Wir dürfen es nicht vergessen.

Deutlich wird das Problem der aktualen Unendlichkeit gerade an den unendlichen Folgen, die fundamental für das Weitere sind. Sie zeigen drastisch das Paradoxon der aktualen Unendlichkeit. Folgen (a_n) suggerieren den **unendlichen,** d. h. ja den **nicht endenden** Prozess. Aktual unendlich heißt für sie, ihnen ein **Ende zu setzen.** Und weiter: (a_n) ist die unendliche Menge $\{a_n\}$, in der von allem, speziell von der Reihenfolge abstrahiert ist. Was soll man denken? **Prozess oder Menge**?[1]

Die Frage ist: Können Lernende unendliche Folgen wirklich als Ganzes denken? Beispiel: Das Gleichheitszeichen in

$$\sqrt{2} = (1;\ 1{,}4;\ 1{,}41;\ 1{,}414;\ 1{,}4142;\ 1{,}41421;\ 1{,}414213;\ \ldots)$$

[1] vgl. Bedürftig/Murawski 2019, S. 409

T. Bedürftig und K. Kuhlemann, *Grenzwerte oder infinitesimale Zahlen?*, essentials,
https://doi.org/10.1007/978-3-658-31908-3_4

verlangt eben dieses. Denn rechts und links müssen mathematische Objekte stehen. Offene Prozesse sind dies nicht. Also verlangen wir für Folgen (a_n) ganz allgemein, den nicht endenden Prozess der a_n für beendet zu erklären. Das ist das Unendlichkeitsaxiom. Es wird, so wissen wir, selten thematisiert.

Wir versuchen, in der Lehre und im Unterricht die Lernenden zu erreichen, und es ist trivial zu sagen, wie: über den natürlichen Menschenverstand. Der aber endet dort, wo die aktual unendlichen Folgen beginnen. David Hilbert sagte das (1926) sehr deutlich:

> „[...] das Unendliche findet sich nirgends realisiert; es ist weder in der Natur vorhanden, noch als Grundlage in unserem *verstandesmäßigen Denken* zulässig [...].“

Das ist aus der jahrzehntelangen Erfahrung der Wende der anschaulich-geometrischen zur mengentheoretisch-logischen Mathematik gesprochen, an der Hilbert maßgeblichen Anteil hatte. Wir hingegen wissen offenbar wenig von der Dramatik dieser Wende und vom Aufsteigen der höheren Mathematik über Natur und Verstand.

Was aber können wir denn anderes tun, als das „verstandesmäßige Denken“ anzusprechen?

Theorie

Wir müssen eine methodisch-didaktische Wende wagen. Dies verlangt die mathematische Wende. Wir müssen den Einstieg in die Theorie wagen. Wir müssen die Kreativität und die Experimentierfreude ansprechen und die Lernenden beteiligen an der Diskussion des aktual Unendlichen, an der Erfindung der reellen Zahlen und am Aufbau ihrer Theorie. Gerade auch die reelle Zahlengerade muss erfunden werden – als *theoretisches Modell* der Geraden. Redlichkeit gegenüber dem theoretischen Kunstwerk $\mathbb{R}$ ist die Aufgabe, d. h. Einblick in manche der angesprochenen Probleme der reellen Zahlen. Die illegitime „Grundvorstellung“ der Zahlengeraden aber, die $\mathbb{R}$ ist, macht gerade dies von Beginn an zunichte.

Die Konstruktion über Dedekindsche Schnitte – zu denen man „Zahlen erschafft“, wie Dedekind sagt, und mit denen man rechnen kann – scheint uns als *propädeutischer Ansatz* einer Einführung der reellen Zahlen geeignet. Eine wirkliche Einführung jedoch – in der 9. Klasse oder später – kann man nicht erreichen. Das Problem ist das Fundament, die Mengentheorie. Sie ist die eigentliche Hürde im Übergang von der Schule in die Lehre der Analysis und auch dort ein besonderes Problem (vgl. Kuhlemann 2018b).

Die reellen Zahlen waren es, an denen wir die methodische Problematik der Grenzwerte demonstriert haben.

Unser Ausgangspunkt für alles Folgende wird trotzdem $\mathbb{R}$ sein, gleich, ob es um den Grenzwerteinstieg geht oder um die infinitesimalen Zahlen. In welcher Weise die reellen Zahlen aktuell im Unterricht und der Lehre vorliegen, können wir nicht berücksichtigen.

Infinitesimale Zahlen

5

Wie kommen die Infinitesimalien zurück? So, wie wir sie in der frühen Analysis verlassen haben. Der Unterschied ist, dass wir sie heute mathematisch verstehen und sie von Größen in Zahlen verwandeln.

5.1 Auf dem Weg zu neuen Zahlen

Es gab historisch zwei Formulierungen, die man bis zu Weierstraß nur für „andere Worte" hielt. Man wählte Größen „kleiner als jedes vorgegebene ε", das führte zur Grenzwertformulierung; und man dachte „kleiner als alle ε", das ist die Formulierung für das unendlich Kleine, die Infinitesimalien:

- Eine Größe α ist **infinitesimal,** wenn sie kleiner als alle ε ist: $\forall\varepsilon(\alpha < \varepsilon)$.

Das Problem war wie für die Grenzwertformulierung: Man wusste nicht, was „alle" sein sollten.

Stellen wir uns vor, damals hätte man nicht den Weg der Finitisierung zu den Grenzwerten eingeschlagen, sondern versucht, zu klären, was eine unendlich kleine Größe ist. Man hätte sagen können:

- α ist **infinitesimal,** wenn α kleiner als alle Größen ist.

Welche aber wären „alle Größen" gewesen? Ebenso wie auf dem Weg zu den Grenzwerten, wäre die Frage nach einem Bereich entstanden, über den sich der Quantor „alle" erstreckt. Der Ruf nach den *unendlichen Mengen* und nach einem homogenen Bereich von Zahlen wäre ebenso unüberhörbar gewesen. Arithmetisierung, damals

T. Bedürftig und K. Kuhlemann, *Grenzwerte oder infinitesimale Zahlen?*, essentials,
https://doi.org/10.1007/978-3-658-31908-3_5

in aller Munde, wäre das Programm gewesen. Nehmen wir an, man hätte dann von reellen Zahlen gesprochen und hätte $\mathbb{R}$ konstruiert. Was „unendlich klein" hieße, hätte man dann in erster Annäherung – für Zahlen größer 0 – so sagen können:

- α ist **infinitesimal,** wenn α kleiner als alle reellen Zahlen ist: $\forall \varepsilon \in \mathbb{R}(\alpha < \varepsilon)$.

Schließlich wäre man genau dort angekommen, wohin auch der Weg mit den Grenzwerten führte: Die Konstruktion von $\mathbb{R}$ hätte die Mengentheorie gebraucht, die Theorie die Axiomatik, die Axiomatik die Logik. Kurz: Die mathematischen Grundlagen, wie wir sie heute haben, hätten sich notwendig ausgebildet.

Nur die Folgen wären andere gewesen – und das Denken.

5.2 Die mathematische Wendung

Gehen wir also von $\mathbb{R}$ aus. Was ist dann mit dem unendlich kleinen α? Ist α eine reelle Zahl? Das kann man in der Tat so sehen und ausführen, wenn man lernt, infinitesimale Größen, jetzt *infinitesimale reelle Zahlen,* von finiten Größen – jetzt *finite reelle Zahlen* – zu unterscheiden. Die Axiomatik der reellen Zahlen ermöglicht diese Unterscheidung. Dieser Weg wird in (Kuhlemann 2018b) vorgestellt und in (Kuhlemann 2021) kommentiert.

Neue Arithmetik

Wir gehen hier einen anderen Weg, den der **Erweiterung** von $\mathbb{R}$ um unendlich kleine Zahlen:

- Die infinitesimale Zahl α ist eine neue Zahl, die zu $\mathbb{R}$ hinzukommt.

Wie aus der Idee einer solchen neuen Zahl sehr elementar der Körper der **hyperreellen Zahlen** ${}^*\mathbb{R}$ entsteht, wird für den Unterricht in der „Handreichung dx, dy – Einstieg in die Analysis mit infinitesimalen Zahlen" dargestellt (Handreichung 2020, 2.3).

Diese **Handreichung** ist aus Lehrerfortbildungen, aus der Praxis im Unterricht und in Arbeitstreffen einer Projektgruppe hervorgegangen. Das Konzept ist es, gemeinsam mit den Schülerinnen und Schülern Schritt für Schritt den Einstieg in die Analysis mit infinitesimalen Zahlen zu gehen. Das neue Rechnen wird offen als Theorie „erfunden" und erarbeitet, mit manchen Übungen und Beweisen. Wir erinnern an das erste Zitat in der Einleitung von Leibniz: „[...] es wird von einem jeden durch mittelmäßiges Nachdenken (mediocri meditatione) leicht begriffen werden; [...]". Wir haben das in Grundkursen bestätigt gefunden.

Wir stellen zusammen, was man für die Arithmetik der hyperreellen Zahlen $^*\mathbb{R}$ braucht. Der Einfachheit halber denken wir *positiv:* Alle vorkommenden Zahlen in der Aufstellung seien größer als 0 – außer 0.

- α heißt unendlich klein oder **infinitesimal,** wenn $\forall r \in \mathbb{R}\,(\alpha < r)$. Wir schreiben $\alpha \approx 0$.
  Steht α in Verbindung zu einer Zahl x, schreibt man oft dx für α.
  - x und $x + dx$ liegen „unendlich nah" beieinander. Wir schreiben: $x + dx \approx x$.
  - Das Inverse $\frac{1}{\alpha}$ einer infinitesimalen Zahl ist unendlich groß oder infinit.
- μ ist **infinit,** wenn $\forall r \in \mathbb{R}\,(\mu > r)$. Wir schreiben $\mu \gg 1$.
- **Finite Zahlen** sind Zahlen γ mit $\gamma < n$ für ein $n \in \mathbb{N}$.

Der Schlüssel für den Übergang vom Hyperreellen zum Reellen ist der

- **Standardteil.**
  Jede beschränkte hyperreelle Zahl γ liegt unendlich nah zu genau einer reellen Zahl r: $\gamma \approx r$. r heißt der Standardteil von γ.

Der Schlüssel für den Übergang vom Reellen zum Hyperreellen ist der

- **Transfer.**
  Zu jeder Relation R auf $\mathbb{R}$ gibt es die hyperreelle Fortsetzung $^*R$ auf $^*\mathbb{R}$ mit $R \subseteq {^*R}$.
  Jede rein arithmetisch formulierte Aussage in $\mathbb{R}$ gilt in $^*\mathbb{R}$.

Das ist eine axiomatische Beschreibung der hyperreellen Zahlen $^*\mathbb{R}$.

Fast unbemerkt haben wir eine wesentliche Vorstellungserweiterung vorgenommen. Mit den unendlich kleinen und großen Zahlen hat sich die **Zahlengerade** verändert, nach innen und nach außen. Auf der Zahlengeraden liegen jetzt auch die neuen Zahlen. Es gibt die Zahlengerade, die mit $\mathbb{R}$ identifiziert wird, nicht mehr. Veranschaulichen können wir uns die neue Situation, wenn wir eine Lupe zu Hilfe nehmen – mit einer unendlichen Vergrößerung – und auf die 0 und die 1 richten.

Mit einem „Unendlichkeitsfernrohr“ schauen wir in unendliche Fernen. Diese Art der Veranschaulichung ist kein Trick. Sie ist mathematisch legitim (s. Kuhlemann 2018a).

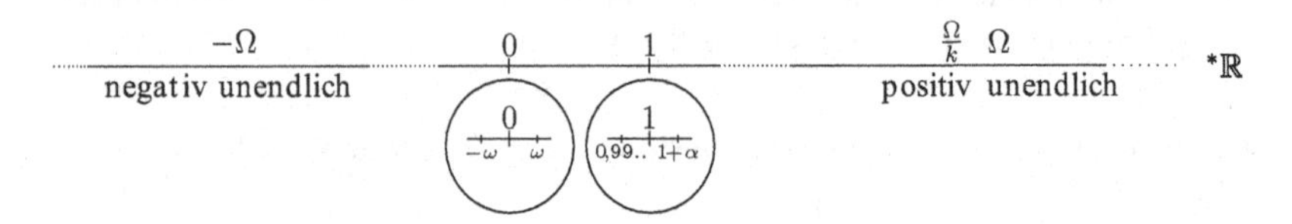

Unendlich nah um jede reelle Zahl r – wie hier im Bild um 0 und 1 – liegen hyperreelle Zahlen $\gamma \approx r$. Sie bilden eine **Monade,** die in sich geschlossen ist. Denn $\approx$ ist eine Äquivalenzrelation.

Woher kommen die neuen Zahlen?

Woher aber und wie sind Infinitesimalien in die Mathematik zurückgekommen? Wir bemerken: Die Infinitesimalien waren nie ganz verschwunden, sie waren nur nicht mathematisch legitimiert. Es gab sie in der Schule – in der Lernende sie intuitiv, gegen alle mathematische Lehrerbelehrung, denken (vgl. Bedürftig//Murawski 2019, Abschn. 6.2) –, in technischen Ausbildungen und in der Physik, in der ohne Skrupel mit ihnen gerechnet wurde und wird, im Nachdenken mathematisch interessierter Laien und sicherlich in der Heuristik manchen Mathematikers. Unendlich Kleines zu denken, scheint heute so natürlich zu sein, wie es früher war.

Die *Wendung* zu den hyperreellen Zahlen, über die reellen Zahlen hinaus, kommt aus den mathematischen Grundlagen, aus Mengenlehre und Logik.

Wir schicken voraus: Den **logisch-mengentheoretischen Hintergrund** der hyperreellen Zahlen, den wir jetzt andeuten, kann man in der Schule gar nicht und in der elementaren Lehre der Analysis kaum thematisieren. Man braucht ihn auch für die mathematische Praxis *nicht.* Die Situation ist so wie bei den reellen Zahlen, deren Konstruktion man nicht braucht, um mathematisch zu arbeiten.

Wir skizzieren, auf die wesentlichen Ideen reduziert, zwei Versionen, eine logische und eine mengentheoretische. Zuerst zum logischen Weg.

Der ist sehr kurz (Robinson 1961).

- Man nehme ein Nichtstandardmodell $^*\mathbb{R}$ der reellen Arithmetik.

Darin kann man rechnen, so, wie oben axiomatisch beschrieben. Diese Beschreibung zeigt auch, was ein Nichtstandardmodell ist. Es ist ein angeordneter Körper, in dem alle arithmetischen Aussagen wie in $\mathbb{R}$ gelten. Das sagt oben das

Transferaxiom. Als mathematische Struktur aber ist $^*\mathbb{R}$ verschieden von $\mathbb{R}$. Deutlich wird dies in der **logischen Rezeptur** (vgl. Ebbinghaus 2007, S. 121 f), nach der ein Nichtstandardmodell entsteht.

- Man nehme den *archimedisch* angeordneten Körper $\mathbb{R}$.
  - Man nehme $Th(\mathfrak{R})$, das sind alle arithmetischen Sätze über $\mathbb{R}$.
  - Man nehme $\Psi = Th(\mathfrak{R}) \cup \{\underline{0} < x, \underline{1} < x, \underline{2} < x, \ldots\}$.
  - Jede endliche Teilmenge von Sätzen in Ψ ist gemäß einer Interpretation β mit einem ausreichend großen $\beta(x)$ erfüllt.
  - Man nehme den *Endlichkeitssatz*. Der sagt:
  - Es gibt ein Modell $\mathfrak{B}$ von $\Psi = Th(\mathfrak{R}) \cup \{\underline{0} < x, \underline{1} < x, \underline{2} < x, \ldots\}$.
  - Es gibt eine Interpretation β mit einem $\beta(x) > \underline{n}$ für alle n.
  - Man nehme $\mathfrak{B}$. $\mathfrak{B}$ ist *nichtarchimedisch*.
- Den Grundbereich nenne man $^*\mathbb{R}$.
- Es gibt unendlich große und unendlich kleine Zahlen.[1]

Zur **mengentheoretischen Rezeptur** (Schmieden/Laugwitz 1958, Laugwitz 1986). Sie sieht kurzgefasst so aus:

- Man nehme $\mathbb{R}$.
- Man nehme $\mathbb{R}^{\mathbb{N}}$, die Menge aller Folgen (a_n).
- Man definiere eine geeignete Äquivalenzrelation.
- Man definiere $^*\mathbb{R}$ als die Menge aller Klassen.

Also man wiederhole *im Prinzip* das, was man bei der Konstruktion von $\mathbb{R}$ aus $\mathbb{Q}$ gemacht hat. Die Schritte der Konstruktion, die für die Praxis der hyperreellen Zahlen nicht relevant sind, sind diese:

  - Man nehme Cof, die Menge aller cofiniten Teilmengen von $\mathbb{N}$, das sind die Teilmengen, deren Komplement endlich ist.
  - Cof ist ein freier Filter.

[1] Damit das Rezept dann analysistauglich wird, muss man noch (Robinson 1961) heranziehen.

  - Sei $(a_n) \sim (b_n) \Leftrightarrow \{n \mid a_n = b_n\} \in Cof$.
  - Man nehme das Ideal $V = \{(c_n) \mid \{n \mid c_n = 0\} \in Cof\}$.
  - Man nehme das Zornsche Lemma.
  - Man nehme in der geordneten Menge aller feineren Filter als Cof einen maximalen Filter U.
  - Man nehme das maximale Ideal V_U.
  - Man nehme ${}^*\mathbb{R} = \mathbb{R}^{\mathbb{N}}/V_U$.
  - ${}^*\mathbb{R} = \mathbb{R}^{\mathbb{N}}/V_U$ ist ein angeordneter, nichtarchimedischer Körper.
- Es gibt unendlich große und unendlich kleine Zahlen.

Es geht übrigens auch ohne den Aufwand des Auswahlaxioms, das im Zornschen Lemma steckt, nämlich in einer konservativ erweiterten Mengenlehre. Wenn man genauer hinschaut, bemerkt man, dass infinite und infinitesimale Zahlen in den Axiomatiken für die reellen Zahlen, wie sie in der Analysis-Lehre üblich sind, gar nicht ausgeschlossen sind. Sie werden nur nicht gesehen (s. wieder Kuhlemann 2018b).

Wir betonen noch einmal: Das sind Hintergründe, die man für die Praxis so wenig braucht wie den Hintergrund der reellen Zahlen.

5.3 Aus dem Einstieg in die Analysis mit infinitesimalen Zahlen

Als es um Grenzwerte ging, haben wir keine Bemerkungen zum Einstieg in die Analysis gemacht, weil die Arbeit mit Grenzwerten Alltag ist. Wir wählen hier zum Einstieg mit infinitesimalen Zahlen nur ein Beispiel, das alles Nötige zeigt. Das Beispiel ist die Einführung des Integrals. Wir betrachten die typische Veranschaulichung, die zum Riemann-Integral führt.

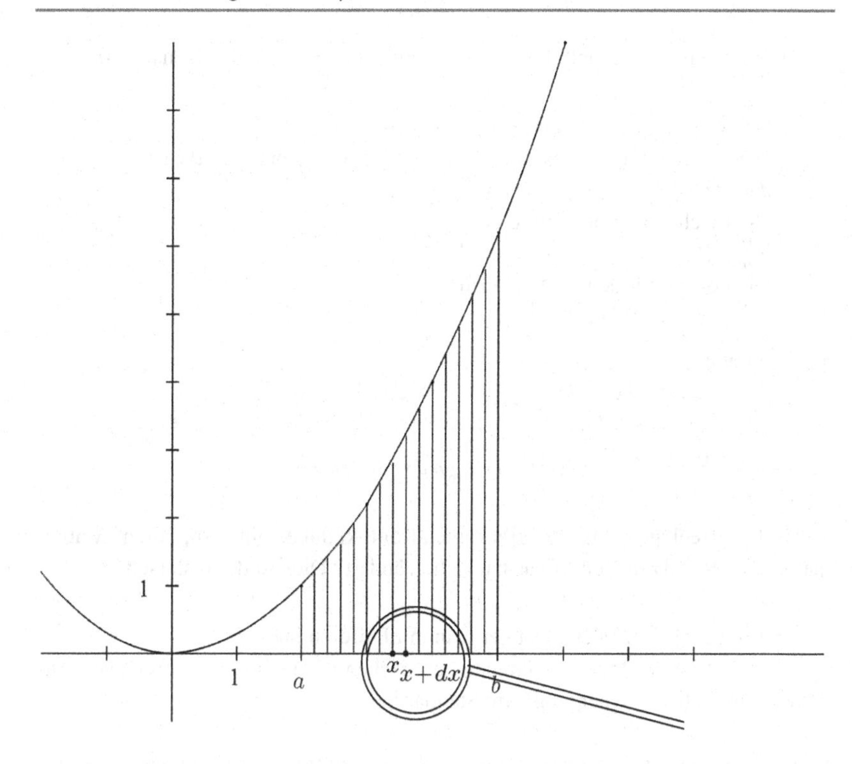

Was ist anders als im Grenzwerteinstieg? Statt Δx lesen wir dx. Δx denken wir uns gegen 0 gehend und die Anzahl der Rechtecke gegen ∞. Dagegen ist dx im Nichtstandard-Einstieg eine konstante infinitesimale Zahl. Es gibt also keinen unendlichen Grenzprozess mehr, sondern eine Rechnung, genau die Rechnung, die gewöhnlich für Δx ausgeführt wird.

Was ins Auge fällt, ist die Lupe. Sie macht – durch einen infiniten Vergrößerungsfaktor – das infinitesimale dx sichtbar. Wir verweisen auf die (Handreichung Teil II (2021), Abschn. 6.2), die zeigt, dass auch hier die infinit vergrößerte Veranschaulichung infinitesimaler Verhältnisse mathematisch so korrekt ist wie eine gewöhnliche finite Veranschaulichung.[2]

[2]s. (Kuhlemann 2019).

Rechnen wir! Der Graph oben stamme von $f(x) = x^2$. Wir setzen $a = 0$.

- Dann ist $x_k = k \cdot dx$ und $b = \mu \cdot dx$. Es ist $\mu \gg 1$.
- Der Flächeninhalt eines Rechteckstreifens von x_k bis $x_k + dx$ ist $dx \cdot f(x_k) = dx \cdot (x_k)^2 = dx \cdot (k \cdot dx)^2$.
- Die Fläche unter der Kurve ist $\sum_{k=1}^{\mu} (k \cdot dx)^2 \cdot dx = dx^3 \cdot \sum_{k=1}^{\mu} k^2$.
- Die Formel für den letzten Term ist: $\sum_{k=1}^{\mu} k^2 = \frac{\mu(\mu+1)(2\mu+1)}{6}$.

- Rechnung:
$\sum_{k=1}^{\mu} (k \cdot dx)^2 \cdot dx = dx^3 \cdot \sum_{k=1}^{\mu} k^2 = dx^3 \frac{\mu(\mu+1)(2\mu+1)}{6}$
$= \frac{dx\,\mu \cdot dx(\mu+1) \cdot dx(2\mu+1)}{6} = \frac{dx\,\mu \cdot (dx\,\mu+dx) \cdot (2dx\,\mu+dx)}{6} = \frac{b \cdot (b+dx) \cdot (2b+dx)}{6} =$
$\frac{b \cdot (2b^2+3b\,dx+dx^2)}{6} = \frac{1}{3}b^3 + \frac{1}{2}b^2\,dx + \frac{1}{6}b\,dx^2 \approx \frac{1}{3}b^3$.

Das ist hyperreell gerechnet. Es gibt keinen Konflikt mit der übrigen, „alten“ Mathematik, die „Standard“ heißt. Was hat sich geändert? Dies ist der Unterschied:

- Statt mit Differenzen Δx rechnet man mit Differentialen dx.
- An die Stelle des logisch-mengentheoretischen Übergangs zum Grenzwert tritt der arithmetische Übergang zum Standardteil.

Im Kern – mit den Bezeichnungen in den obigen Abbildungen – verläuft für „nichtpathologische“, z. B. stetige Funktionen die Definition des Riemannschen Integrals grob so:

> dx ist unendlich klein. μ, die Zahl der Intervalle, ist unendlich groß.
> Dann ist $a + \mu \cdot dx = b$, $x_k = a + k \cdot dx$.
> Der Flächeninhalt der Streifen ist $dx \cdot f(x_k)$.
> Der Flächeninhalt der Fläche unter der Kurve ist $\sum_{k=0}^{\mu} f(a + k \cdot dx) \cdot dx$.
> Das Integral $\int_a^b f(x)dx$ ist der Standardteil dieser unendlichen Summe.

Die Summe der μ Rechteckflächen *ist* also, bis auf einen unendlich kleinen, reell vernachlässigbaren Unterschied, der gesuchte Flächeninhalt, das bestimmte Integral.

Das Integral ist, so wie es früher war, arithmetisch wieder eine Summe – bis auf die infinitesimale Abweichung. Die Summation ist unendlich, und dennoch arithmetisch berechnet. Hinter der Arithmetik steht die geometrische Anschauung. Denn hinter dem Integral als Summe steht die anschauliche Zusammensetzung aus den Flächen der Streifen. Das macht vieles durchsichtiger.

Soviel zur mathematischen Wendung zurück zu den Infinitesimalien – in neuem Gewand der infinitesimalen Zahlen.

Gegenüberstellung und Vergleich 6

Es geht um den Kern, um die Grundgedanken und Grundvorstellungen in beiden Einstiegen in die elementare Analysis. Unser Ziel ist es, die prinzipiellen und die methodischen Unterschiede der Zugänge erkennbar zu machen.

6.1 Gegenüberstellung

Hier stellen wir die Einstiege gegenüber. Über ihre Vorzüge oder Nachteile sprechen wir erst im folgenden Vergleich.

Differentialquotient und Ableitung
Die erste der folgenden Abbildungen (vgl. Abschn. 2.1) ist Standard:

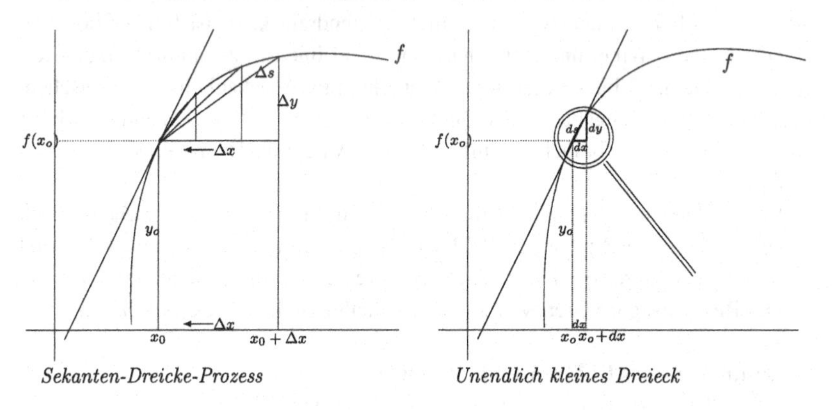

Sekanten-Dreicke-Prozess *Unendlich kleines Dreieck*

T. Bedürftig und K. Kuhlemann, *Grenzwerte oder infinitesimale Zahlen?*, essentials,
https://doi.org/10.1007/978-3-658-31908-3_6

Das linke Bild deutet die übliche Heuristik an. Die Hypotenusen von immer kleiner werdenden Sekantendreiecken nähern sich in einem unendlichen Prozess einer Kurve, und wir stellen uns vor, dass die Sekantendreiecke im Berührungspunkt der gesuchten Tangente verschwinden. Zugleich, so denken wir, strebt der Differenzenquotient $\frac{\Delta y}{\Delta x}$ gegen einen Grenzwert, der die Steigung der Tangente ist. Mit der Punktsteigungsformel ist die Tangente bestimmt.

Im Zugang mit infinitesimalen Zahlen, im zweiten Bild, verschwinden die Sekantendreiecke im Prozess der kleiner werdenden Sekantendreiecke *nicht*. Sie „enden" quasi in einem unendlich kleinen Dreieck, dem alten „charakteristischen Dreieck" (vgl. Abschn. 2.1), das man sich bis zum Ende des 19. Jahrhunderts vorstellte, das dann verschwand und heute, mathematisch legitimiert, wieder da ist.

Heuristisch und anschaulich beginnen beide Ansätze gleich: Man verfolgt eine Folge von Sekantendreiecken. Am „Ende" aber sind die Vorstellungen konträr.

Im Grenzwerteinstieg „sieht" man im Unendlichen einen Punkt.
Im infinitesimalen Einstieg „sieht" man im Unendlichen unendlich klein ein Dreieck.

Der Grenzwerteinstieg tritt aus dem anschaulich-geometrischen Prozess aus und in die Folge von Differenzenquotienten ein, in Erwartung einer Zahl, des Grenzwertes. Mit dem Grenzwert in der Berechnung einer Geradengleichung kehrt man zurück in die Anschauung der Tangente.

Der Unterschied im infinitesimalen Einstieg ist die „sichtbare" Steigung, nämlich die der unendlich kleinen Hypotenuse im Sekantendreieck. Sie ist Teil der Tangente *und* der Kurve. – Wir erinnern uns an Leibniz, der Linien als Zusammensetzung von unendlich kleinen Linien beschrieb. – Man bleibt im Anschaulich-Geometrischen. Die Steigung der Tangente ist der Quotient der Katheten. Ist das unendlich kleine Dreieck einmal „da", braucht der infinitesimale Ansatz die Heuristik des Prozesses nicht mehr.

So verschieden die Vorstellung und das Denken sind, so wenig unterscheiden sich äußerlich die beiden Zugänge im Rechnen. Wir wählen wieder das Standardbeispiel $f(x) = x^2$ und führen den bekannten Rechenweg durch, um die Analogie zu zeigen.

Der Rechenweg im Grenzwertzugang schließt mit einer *Grenzwertbildung*.

- Bestimmung des **Differenzenquotienten:**
  $\frac{\Delta y}{\Delta x} = \frac{f(x_0+\Delta x)-f(x_0)}{\Delta x} = \frac{(x_0+\Delta x)^2-x_0^2}{\Delta x} == \frac{x_0^2+2x_0\Delta x+\Delta x^2-x_0^2}{\Delta x} = 2x_0 + \Delta x.$
  Bildung des Grenzwerts:
  $\lim_{\Delta x\to 0} \frac{\Delta y}{\Delta x} = \lim_{\Delta x\to 0}(2x_0 + \Delta x) = 2x_0.$
- Die **Ableitung** ist: $f'(x_0) = 2x_0.$

Der Zugang über infinitesimale dx, dy endet in der Bildung des *Standardteils:*

- Bestimmung des **Differentialquotienten:**
  $\frac{dy}{dx} = \frac{f(x_0+dx)-f(x_0)}{dx} = \frac{(x_0+dx)^2-x_0^2}{dx} = \frac{x_0^2+2x_o dx+dx^2-x_0^2}{dx} = 2x_0 + dx.$
  dx ist unendlich klein: $2x_0 + dx \approx 2x_0$.
- Die **Ableitung** ist: $f'(x_0) = 2x_0$.

Wir sehen, dass wir im infinitesimalen Zugang den Differentialquotienten von der Ableitung unterscheiden.

- Die Ableitung ist der Standardteil des Differentialquotienten: $f'(x_0) \approx \frac{dy}{dx}$.

f ist differenzierbar in x_0, wenn es diesen Standardteil gibt.

Im Grenzwertzugang heißt die Ableitung, also der Grenzwert der Differenzenquotienten, oft auch „Differentialquotient“ und wird mit $\frac{dy}{dx}$ bezeichnet, auch wenn von einem „Quotienten“ nicht mehr gesprochen werden kann.

Integral
Die Art der Einführung des bestimmten Integrals im Zugang mit infinitesimalen Zahlen kennen wir bereits. Wo ist hier der anschauliche und der prinzipielle Unterschied zum Grenzwertzugang?

Wir stellen die „Endzustände“ der Veranschaulichungen des Riemann-Integrals in beiden Zugängen einander gegenüber:

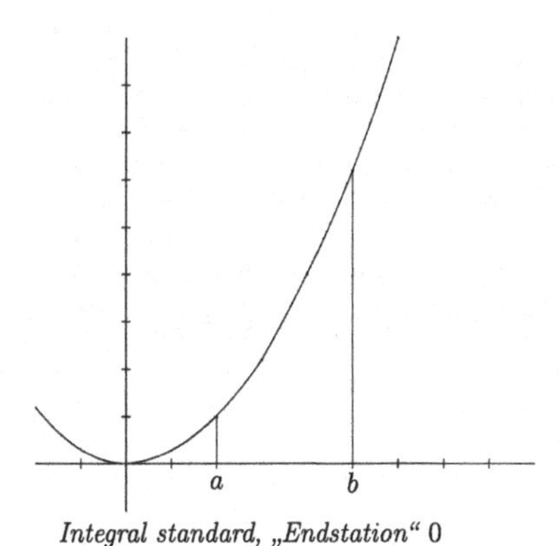

Integral standard, „Endstation“ 0

Integral nichtstandard, „Endstation“ dx

Hier entspricht das Ergebnis im Grenzwertzugang ganz unserer Vorstellung der Fläche unter der Kurve zwischen a und b. Im infinitesimalen Zugang bleibt eine Differenz zu dieser Fläche und in der Tat ist die infinite Summe der infinitesimalen Streifen hyperreell und die reelle Fläche „nur“ der Standardteil.

Anschauung und Denken sind auch hier in beiden Zugängen grundverschieden. Aber die Berechnungen wieder, wir haben das oben gesehen, unterscheiden sich kaum. Der Unterschied besteht, so wie bei der Ableitung, zwischen Grenzprozess auf der einen und Standardteilbildung auf der anderen Seite.

Stetigkeit

Das Problem der Charakterisierung der Stetigkeit hat uns begleitet, als wir den historischen Wechsel von den Infinitesimalien zu den Grenzwerten beschrieben. So, wie Weierstraß Stetigkeit charakterisierte, konnten wir sie direkt in die heute übliche logisch-mengentheoretische Form übertragen:

Die reelle Funktion f ist in x_0 stetig, wenn

- $\forall \varepsilon > 0\, \exists \delta > 0\, \forall h\, (|h| < \delta \Rightarrow |f(x_0 + h) - f(x_0)| < \varepsilon)$.

Nichtstandard sieht Stetigkeit so aus:

f ist stetig in x_0, wenn

- $\forall x (x \approx x_0 \Rightarrow f(x) \approx f(x_0))$.

Erkennbar ist die logische Einfachheit dieser Definition gegenüber der Definition über Grenzwerte.

Es gibt einen zweiten Unterschied.

Die Grenzwertformulierung beschreibt die Stetigkeit **um** x_0 „herum“.
Die Formulierung über den Standardteil beschreibt die Stetigkeit **in** x_0.

Die Grenzwertformulierung stützt sich auf die Vorstellung eines Annäherungsprozesses. Die Nichtstandardformulierung dagegen richtet die Unendlichkeitslupe auf x_0 und sieht x_0 als Monade. Wir können das so veranschaulichen:

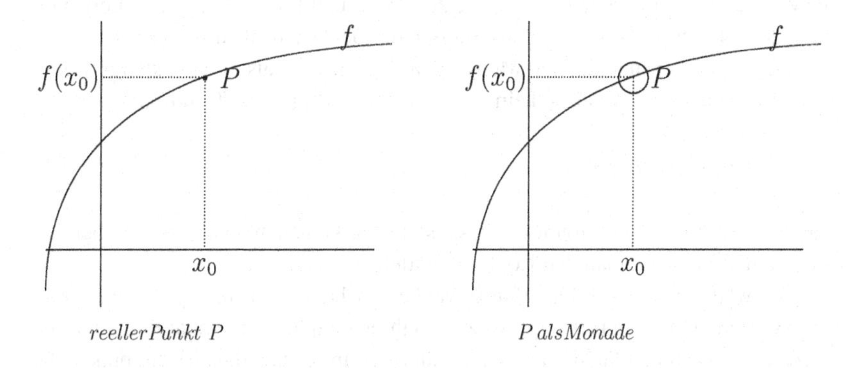

reeller Punkt P *P als Monade*

f ist stetig in x_0, wenn alle $(x_0 + dx, f(x_0 + dx))$ Punkte in der Monade von $P = (x_0, f(x_0))$ sind.

6.2 Vergleich

Da wir die Definitionen soeben gegenübergestellt haben und die Differenz der Ansätze gerade hier elementar und fundamental zum Ausdruck kommt, beginnen wir mit der Stetigkeit. Das Problem der Stetigkeit markiert die Wende zwischen alter und neuer Mathematik. Sie war historisch kein Problem gewesen. Sie war das unausgesprochene Grundprinzip der alten geometrischen Größenmathematik.

Die Wende zur modernen Mathematik besteht gerade darin, Stetiges in Punkte zerlegt und in überabzählbare Punktmengen verwandelt zu haben. Die neue Mengenmathematik steht der Intuition der Lernenden gegenüber – ja sie widerspricht ihr. Denn Stetigkeit ist das Natürliche. Es ist nicht verwunderlich, dass man sich hier auf einen „propädeutischen Grenzwertbegriff" zurückzieht, ja zurückziehen muss. Worin besteht dieser „Begriff"? Im Rückzug auf alte anschauliche Vorstellungen.

Im Prinzip trifft das Gesagte auf den Nichtstandardansatz genauso zu, denn er operiert mit Mengen wie Standard. Es gibt einen gravierenden Unterschied: Die Nichtstandarddefinition trifft auf anschauliche, ja praktische Vorstellungen über Stetigkeit.

Stetigkeit und Grenzwerte

Erst seitdem im 19. Jahrhundert Kurven und Linien mathematisch in Punkte „zerlegt" wurden, ist es nötig zu sagen, was „stetig" heißt. Die ε-δ-Grenzwertdefinition haben wir oben angegeben. Sie betrachtet Werte und Punkte $(x, f(x))$. Lernende aber denken stetig. Wenn sie an eine Funktion f denken, denken sie weniger an den Graphen als einer unendlichen Menge von Wertepaaren als an eine stetige Linie. Eine Linie ist *stetig,* wenn sie keine „Sprünge macht". Das ist Tradition:

> „Natura non facit saltus."

sagten die Alten seit Aristoteles. Alles andere war künstlich, unnatürlich. Über den Nullstellensatz hätte man den Kopf geschüttelt.

Verzweifelte Lehrende kapitulieren vor der ε-δ-Definition und sagen vielleicht so etwas: „Eine Funktion ist stetig, wenn man ihren Graphen mit einem Bleistift ohne abzusetzen zeichnen kann." Ist das peinlich? Nein. Genau dies ist die praktische Erfahrung der Stetigkeit. Auch diese Art zu denken hat Tradition:

> „Punctum in processu facit lineam."[1]

sagte man in der Scholastik und dachte an die Bewegung. Zeichnerisch: Man setzt einen Punkt und zieht von ihm aus die Kurve – und nicht etwa eine überabzählbare Menge von Punkten. Wie kann da in einem Punkt, den man in die stetige Kurve denkt, etwas Unstetiges sein?

Das ist die Problematik der Stetigkeit. Die Grenzwertprozesse, mit denen man auf das künstliche Problem losgeht, erscheinen der natürlichen Stetigkeit fremd – von außen – aufgezwungen. Hierin liegt die Ursache, dass man *kapituliert.* Man zieht sich auf den *propädeutischen* Grenzwert zurück. Wie tut man das? Indem man an die alte, natürliche Anschauung der Linie und der Bewegung appelliert: Man lässt Punkte „fließen", auf der Linie gegen den Grenzwert „streben" oder „nähert" sich ihm. Wir verfolgen einmal das Streben und Nähern.

Beispiel: Wann ist eine Funktion f stetig in x_0?

Anschaulich: Wenn x gegen x_0 strebt, strebt $f(x)$ gegen $f(x_0)$.
Numerischer Versuch: Wenn x „minimal" (δ) von x_0 entfernt ist, dann ist $f(x)$ „minimal" (ε) von $f(x_0)$ entfernt.

---

[1] Der Punkt im Prozess macht die Linie.

> *Neuer Versuch:* Ist x sehr wenig von x_0 entfernt, dann gibt es x', das „noch weniger“ von x_0 entfernt ist. Dann ist auch $f(x')$ „noch weniger“ von $f(x_0)$ entfernt.

Das Ergebnis solcher Beobachtungen, wie sie vielleicht Schüler formulieren, kann ein prälogischer ε-δ-Dialog zwischen Vorgabe eines ε und Suchen eines δ sein.

Das Ziel schließlich ist die *logische* Grenzwertfassung

$$\forall\varepsilon > 0\, \exists\delta > 0\, \forall x\, (|x_0 - x| < \delta \Rightarrow |f(x_0) - f(x)| < \varepsilon).$$

Warum ist dieses Ziel kaum erreichbar?

Das stetige Streben wurde zum numerischen Dialog. Im Dialog liegt noch ein Prozess, der in die Definition der Stetigkeit über Folgengrenzwerte führt. Von ihm geht es weiter in die Statik, in die statisch-logische $\forall$-$\exists$-Formulierung, die von der Intuition der Stetigkeit, des Strebens und Fließens, weit entfernt ist. Der letzte Schritt vom Dialog in die Logik ist groß, die Ansprüche an das Denken sind gewaltig.

Wie gewaltig, das konnten wir sehen, als wir den Erfindern des Grenzwertes, Cauchy und Weierstraß, auf ihrem Weg zu den Grenzwerten folgten (Abschn. 2.2). Beide haben Infinitesimales und den Grenzwert 0 lange nicht unterschieden, da ihnen die mathematische Logik und die Mengenlehre fehlten. Diese fehlen unseren Schülerinnen und Schülern ebenso und zeigen die gewaltige, in der Schule eigentlich unüberwindliche Hürde zum Grenzwertbegriff.

Es kommt noch etwas hinzu, das der Intuition der Stetigkeit eines Graphen einer Funktion f in einem ausgewählten Punkt widerspricht. Das haben wir oben schon in der Gegenüberstellung der Definitionen bemerkt. Das Ziel der Charakterisierung der Stetigkeit über Grenzwerte ist gar nicht die Stetigkeit *in* dem Punkt $P = (x_0, f(x_0))$ der Kurve, sondern *bei* dem Wert x_0, also um x_0 und damit um $P = (x_0, f(x_0))$ „drumherum“.

Stetigkeit und infinitesimale Zahlen

Im infinitesimalen Zugang kann man eine natürliche Intuition von Stetigkeit *in* einem Punkt erfassen. Der infinitesimale Zugang akzeptiert die Auflösung der Kurve in reelle Punkte und definiert die Stetigkeit *in* den Punkten der Kurve. Er erfasst eine anschauliche Vorstellung, die über Grenzwerte nicht zu erfassen ist:

> „f ist stetig *im* Punkt $P = (x_0, f(x_0))$, wenn man beim Zeichnen der Kurve im Punkt P nicht absetzt.“

Dass der Bleistift jetzt im reellen Punkt P nicht absetzt, bedeutet, dass der Graph innerhalb der Monade „keine Sprünge" macht, genauer: „keine großen Sprünge". Infinitesimal ist erlaubt. Das war gerade die obige Definition:

> f ist stetig in x_0, wenn $f(x) \approx f(x_0)$ für alle $x \approx x_0$.

Wir haben das oben veranschaulicht: Alle $(x_0 + dx, f(x_0 + dx))$ sind hyperreelle Punkte in der Monade von P.

Der numerische Versuch oben, über „minimale" Abstände zu sprechen, bekommt jetzt Sinn:

> Wenn x „minimal" (dx) von x_0 entfernt ist, dann ist $f(x)$ „minimal" (dy) von $f(x_0)$ entfernt.

Oben haben wir Weierstraß zitiert, der es 1861 so sagte:

> „Wenn nun eine Funktion so beschaffen ist, daß unendlich kleine Änderungen des Arguments (dx) unendlich kleinen Änderungen der Funktion (dy) entsprechen, so sagt man, dass dieselbe eine *continuierliche Funktion* sei vom Argument."

6.3 Arithmetik versus Propädeutik

Gravierend ist im Unterschied der Ansätze das Fundament.

> Der Grenzwertzugang beruht in der Schule weitgehend auf einer unklaren und beliebigen Propädeutik des Grenzwertbegriffs. Den Grenzwert*begriff,* Fundament der Analysis, gibt es nicht.
> Den Grenzwerten stehen unendliche Prozesse gegenüber, die in der Regel – nicht nur – von Schülern als potentiell unendlich, d. h. als offen aufgefasst werden.
> Es bleibt eine Kluft zwischen den Grenzwerten und den unendlichen, nicht endenden Prozessen (vgl. Bedürftig 2018, Abschn. 4).

In die Analysis-I-Vorlesungen kommen daher die Studierenden mit der Problematik der Grenzwerte, so, wie wir sie im Abschn. 3 beschrieben haben.

Beim infinitesimalen Zugang ist das anders.

Dem infinitesimalen Zugang liegt eine elementare und klare, mit den Schülerinnen und Schülern erarbeitete, Arithmetik zugrunde.
Nach der Heuristik, die offen unendliche Prozesse beobachtet, fällt die Problematik des „aktual" Unendlichen weg, mit dem unendliche Mengen und Prozesse als Ganze gesetzt sind.

Der letzte Satz ist überraschend. Muss es nicht vorsichtiger heißen: Die Problematik des Unendlichen verlagert sich, sie wird in die *Arithmetik* versetzt? Das Unendliche aber ist, wenn die Arithmetik erarbeitet ist, arithmetisch erfasst. Denn:

Das Unendliche ist in den infiniten und infinitesimalen Zahlen arithmetisch *gegeben.*

Es geht im infinitesimalen Zugang nicht um unendliche Mengen, die abstrakt als abgeschlossene Ganze zu denken sind, und nicht um offen-unendliche Folgen, die wie fertige Mengen behandelt und wie beendet gedacht werden müssen (vgl. Abschn. 4). Die infiniten Zahlen, mit denen man rechnet, *sind* das Unendliche. Das ist eine gravierend andere Situation. Die infiniten Zahlen bilden gerade das Instrument, Unendliches zu erfassen. Beispiel: Die unendlichen Mengen infinitesimaler Intervalle beim Integral durch eine infinite Anzahl μ.

Die Erarbeitung der Arithmetik ist grundlegend. Dass sie auch in Grundkursen zu bewältigen ist, zeigen Folien aus dem Unterricht (vgl. Basiner 2019; Fuhrmann und Hahn 2019; Heinsen 2019). Aus einem Leistungskurs berichtet Dörr (2017). In der Handreichung (2020, 2.3) wird die Entwicklung der Arithmetik Schritt für Schritt vorgestellt.

6.4 Sehen versus Ahnen

Ein anderes wesentliches Unterscheidungsmerkmal der beiden Zugänge kommt aus der *Anschauung* – ganz abgesehen von der Problematik des Grenzwertes. Wie ist es beim Differenzieren mit der Anschaulichkeit bestellt?

Differentialquotient und Ableitung
Oben haben wir in beiden Zugängen den unendlichen Prozess der kleiner werdenden Sekantendreiecke skizziert. Wir machen wie beim Integral ein Gedankenexperiment und sehen uns die beiden „Endergebnisse" des Grenzprozesses nebeneinander an:

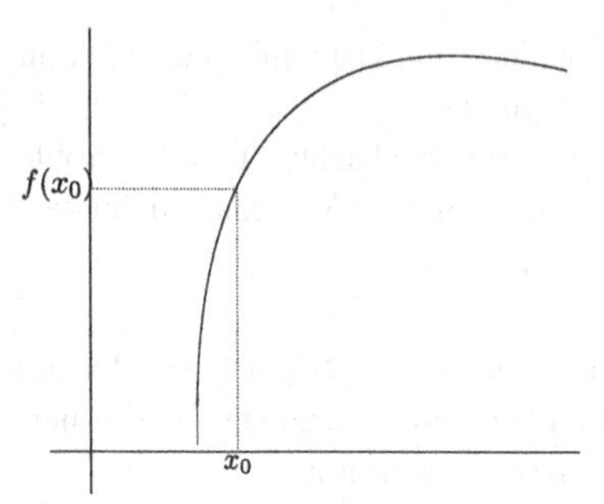

Sekanten-Dreiecke, $\Delta x \to 0$, „Endstation"

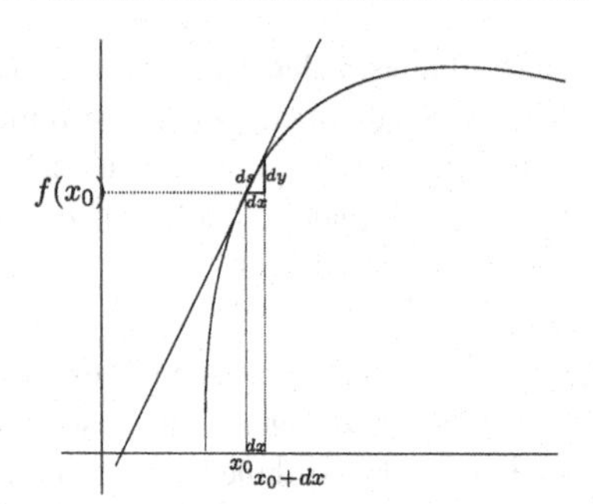

Sekanten-Dreiecke, $\Delta x \to dx$, „Endstation"

Im Grenzwertzugang bleibt anschaulich nur der Punkt übrig, mit dem man begonnen hat und in dem man sich eine Tangente vorstellen soll. Für die Schüler verschwindet die Anschauung der Hypotenusen der Sekantendreiecke in diesem Punkt. Was bleibt, ist die Idee einer Tangente und die Idee eines Zahlenwerts als Grenzwert von Zahlenverhältnissen – und die Kluft zwischen Prozess und Wert.

Im infinitesimalen Zugang bleibt die Anschauung erhalten. Die Heuristik des Prozesses wird mit der Idee, der *Vorstellung,* des unendlich Kleinen abgeschlossen. Das infinitesimale Steigungsdreieck ist anschaulich *da,* in dem man die Steigung sehen *und* berechnen kann: die Steigung der unendlich kleinen Hypotenuse, die Teil der Tangente *und* der Kurve ist. – Wir verweisen auf Leibniz, der Kurven als Zusammensetzung von unendlich kleinen Linien beschrieb, und darauf, dass es mathematisch legitim ist, unendlich Kleines sichtbar zu machen (Kuhlemann 2019).

Da die Anschauung einen großen Stellenwert im Lernprozess hat, muss man den infinitesimalen Zugang als methodisch überlegen ansehen. Die Einstiege zur Ableitung und zum Integral beginnen auch hier mit anschaulichen Grenzprozessen, die aber den abstrakten Grenzwertformalismus nicht brauchen, sondern in eine anschaulich-geometrische Situation münden, aus der eine Arithmetik entsteht. Grenzprozesse werden dann nicht mehr gebraucht.

Prozesse sind und bleiben im Unterricht notwendig präsent, wenn es um Näherungen geht oder um die Darstellung reeller Zahlen als unendliche Dezimalbrüche. Im propädeutischen Grenzwertbegriff, der heuristisch weiter eine Rolle spielt, sind die Grenzprozesse da. Prozesse werden zudem interessant, wenn man die Repräsentation hyperreeller Zahlen durch unendliche Folgen thematisieren will (vgl. Bedürftig und Murawski 2019, 6.4), die sich zwanglos und für Schüler interessant aus der $0{,}999\ldots$-Frage ergibt (s. Handreichung 2020, 3.1). Am Ende läuft dies auf eine Äquivalenz von Grenzwert und Standardteil heraus (vgl. Lingenberg 2019).

Integral

Wir stellen, im nächsten Gedankenexperiment, wieder „Endzustände" dar, hier die Endzustände der Veranschaulichungen des Riemann-Integrals im Grenzwert- und im infinitesimalen Zugang:

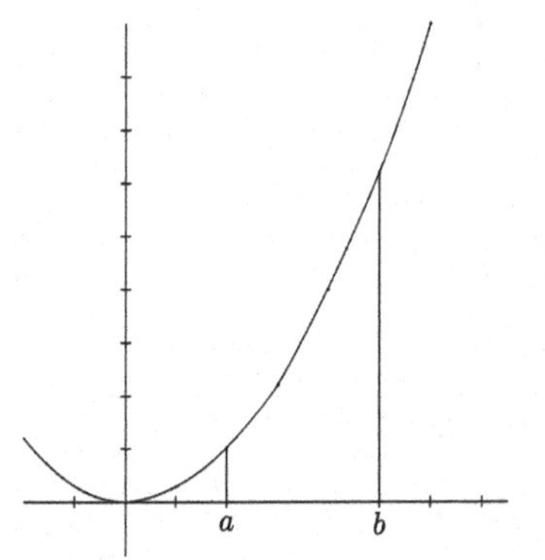

Integral standard, „Endstation" $\Delta x = 0$

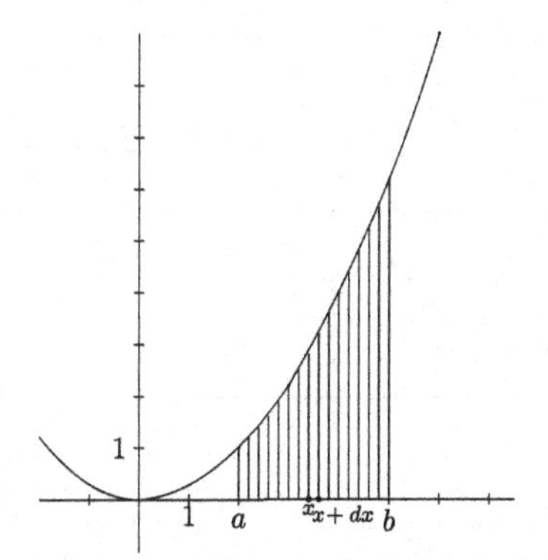

Integral nichtstandard, „Endstation" dx

Das linke Grenzwertbild veranschaulicht das Ziel, genau die gesuchte Fläche unter der Kurve. Der Weg dorthin, die Summation von Streifen ist verschwunden. Das rechte Bild kristallisiert sozusagen den Weg – in unendlichfacher Vergrößerung. Wir stellen fest, dass wir in der rechten Abbildung die Lupe nicht dargestellt haben. Wir haben sie „heimlich" verwendet.

Der offensichtliche Vorteil im infinitesimalen Zugang ist, dass wir *beides* haben: die Summation **und** das Ziel, das wir vor uns haben, wenn wir die „Unendlichkeitslupe" entfernen. Die Entfernung der Lupe veranschaulicht den arithmetischen Übergang zum Standardteil. Wie sich gleich beim Hauptsatz zeigen wird, ist die *Anschauung der Summation* von Flächen und die arithmetische Summendarstellung von großem Nutzen.

Im Grenzwertzugang ist der Flächeninhalt ein gedachter Grenzwert, eine Zahl, der sich ein Prozess von Summationen von verschwindenden Summanden nur nähert. Wie „schließlich verschwundene" Summanden überhaupt einen positiven Wert bilden können, ist ein weiteres Unendlichkeitsphänomen.

Hauptsatz

Wir zeichnen eine Skizze im infinitesimalen Zugang, denken an Funktionen, wie sie im Unterricht vorkommen[2], und *sehen* quasi den Beweis:

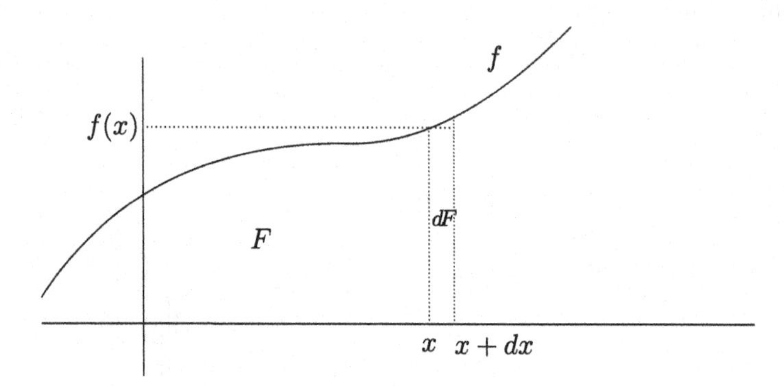

Wir sehen

$dF = F(x + dx) - F(x)$.

Da f im Intervall $[x, x + dx]$ bis auf einen infinitesimalen Fehler konstant ist, ist

$dF \approx f(x) \cdot dx$,

also

- $F'(x) \approx \frac{dF}{dx} \approx f(x)$.

Diese Argumentation finden wir in einer Aufgabenbearbeitung durch einen Schüler im Unterricht von J. Dörr (2017, S. 46). Eine grundsätzliche arithmetische Vorsicht aber ist geboten, da die Relation $\approx$ bei Division durch infinitesimale Zahlen nicht notwendig erhalten bleibt. Die Rechnung hier aber ist korrekt, wie man wieder *sieht.*

Denn der Fehler, sichtbar im infinitesimalen Dreieck zwischen Kurve und dem Rechteck $f(x) \cdot dx$, ist kleiner als das kleine Rechteck $dx \cdot dy$, und das ist infinitesimal, gemessen am infinitesimalen Rechteck $f(x) \cdot dx$. Denn das Rechteck $dx \cdot dy$ berechnet sich aus zwei infinitesimalen Strecken, das Rechteck $f(x) \cdot dx$ aus einer endlichen und einer infinitesimalen Strecke.

[2] stückweise monotone stetige Funktionen.

Ausgerechnet: Ist f stetig und $dy = f(x+dx) - f(x)$, so ist das Rechteck $dy \cdot dx$ größer als der infinitesimale Fehler, nämlich der Dreiecksinhalt $D = dF - f(x) \cdot dx$. Mit $D < dy \cdot dx$, also $\frac{D}{dx} < dy$, ist $F'(x) \approx \frac{dF}{dx} = \frac{f(x) \cdot dx + D}{dx} \approx f(x)$.

Im Grenzwertzugang ist der Beweis sehr viel schwieriger und in der Schule fast unerreichbar. Kern des Beweises ist auch hier die „Idee" (Behrends 2003, S. 95), die nichtstandard schon der Beweis ist, nämlich die Betrachtung von dF. In (Behrends 2004) z. B. finden wir ein ganz ähnliches Bild wie oben, die Abb. 6.25. Hier heißt es, dass dF sich „nur unwesentlich von einem Rechteck mit den Seitenlängen dx und $f(x)$" unterscheidet. – Um genau zu sein: In (Behrends 2004) steht h statt dx.

„Die präzise Ausführung der Idee macht keine großen Schwierigkeiten." heißt es dann. Sie geht dann doch über mehr als eine Seite komplizierter Abschätzungen über Folgengrenzwerte. – „Nur unwesentlich unterschieden" übersetzt man in der hyperreellen Arithmetik in „$\approx$" – und ist fertig.

6.5 Ergebnis

Gegenüberstellung und Vergleich zeigen ein eindeutiges Ergebnis: Der Einstieg mit infinitesimalen Zahlen ist dem Grenzwerteinstieg überlegen. Er ist mathematisch fundiert, der Grenzwerteinstieg propädeutisch. Wenn es um wirklichen *Mathematik*unterricht gehen soll, dann ist die Entscheidung keine Frage. Auch methodisch – er kann mit den Schülern gemeinsam entwickelt werden (s. Handreichung 2020) – ist die Entscheidung klar.

Die Entscheidung aber kann nicht so einfach gefällt werden. Denn die Grenzwerte sind überall präsent. In der Analysis I gibt es nichts anderes. Ist es eine Frage der Zeit? Wenn, dann braucht es lange. Jetzt geht es darum, Grenzwerte *und* Infinitesimalien zu thematisieren und zu diskutieren. Auch wenn dann im jeweiligen Unterricht, in dem beide vorgestellt werden, Schüler eher mit Infinitesimalien als mit Grenzwerten weiterarbeiten werden, was wahrscheinlich ist, wird der „propädeutische Grenzwertbegriff" nicht verdrängt. Grenzprozesse behalten ihren heuristischen und *intuitiven* Wert, der von der Standardteilbildung begleitet und gestärkt wird. Das wird in der Formulierung des „Cauchy-Prinzips" deutlich. Wir zitieren es noch einmal:

> „Wenn die ein und derselben Veränderlichen nach und nach beigelegten numerischen Werte beliebig so abnehmen, dass sie kleiner als jede gegebene Zahl werden, so sagt man, diese Veränderliche wird unendlich klein oder: sie wird eine unendlich kleine Zahlgröße.
>
> Eine derartige Veränderliche hat die Grenze 0."

Bei der Einführung des Integrals wird der Übergang zur unendlich kleinen Zahl sehr deutlich: Im Prozess der verschwindenden Δx ändert man „irgendwann" die Sicht- und Schreibweise: Aus Δx wird dx. Beim Differenzieren hält der Differentialquotient den Grenzprozess der Differenzenquotienten quasi an. Aus der Grenzwertbildung wird die Bildung des Standardteils.

Geht das in der Praxis? Kann man wirklich beides machen? Dagegen spricht der Zeitaufwand. Der „propädeutische Grenzwertbegriff" selbst aber braucht kaum Zeit, da er neben Redeweisen über „Nähern" und „Fließen" nur Veranschaulichungen, Näherungen und viel dynamische Software verwendet. Sie sind Heuristik, die den Grenzwertbegriff vorbereiten soll. Die gleiche Heuristik führt zum unendlich kleinen Dreieck. Die Software kann man abschalten, wenn man mit dem unendlich kleinen Dreieck weiterarbeitet.

Zeit brauchen der abstrakte Grenzwertformalismus, die formal bleibenden und einzuübenden Schreibweisen und, wenn man sie denn versucht zu führen, die Beweise der Grenzwertsätze, die im Formalismus förmlich ersticken. Von all dem kann man sich befreien und die „verlorene" Zeit gewinnen, wenn man die intuitiven Grenzwertvorstellungen in hyperreelle Zahlen und ihre Arithmetik übersetzt und die Grenzwertsätze, die Differentiationsregeln und den Hauptsatz ausrechnet. Vor diesem Hintergrund kann sogar eine Ahnung für den Sinn von Grenzwertformalismen entstehen.

Grenzwerte und Infinitesimalien liegen nicht so weit auseinander, wie vielleicht mancher denkt. Das zeigt die Handreichung (2020, Abschn. 3.7). In (Lingenberg 2019) wird die Äquivalenz von Folgengrenzwert und Standardteilbildung gezeigt. Es sei an Weierstraß und Cauchy erinnert, Väter der Grenzwerte, die lange *beides,* Grenzwerte und Infinitesimalien, dachten. Für Schüler sind sie begrifflich kaum zu unterscheiden.

Wir fassen zusammen, was man im Einstieg mit infinitesimalen Zahlen gewinnt:

Steigungen können nicht mehr nur als Grenzwerte „im Unendlichen" erahnt werden, sie sind ganz anschaulich Verhältnisse von – unendlich kleinen – Seiten. Das Integral kann wieder als Summe begriffen werden. Der Hauptsatz liegt „auf der Hand". Die Anschaulichkeit ist wieder da, das Verstehen, das leicht in offenen Grenzwertprozessen verloren geht, wird gestärkt. Differentiationsregeln müssen nicht mehr künstlich über die Hürde der propädeutischen Grenzwertsätze und einen künstlichen Grenzwertformalismus springen. Sie werden *ausgerechnet.* Der mengentheoretisch-logische Grenzwertformalismus erhält ein arithmetisches und anschauliches Gegenüber.

Das neue Rechnen ist ein interessantes Thema im Unterricht, das die Schüler ganz oder weitgehend mitgestalten und diskutieren können (s. Unterrichtsskizze 2.3, (Handreichung 2020)). Sie erfinden selbst eine Theorie und verwenden sie, um

Änderungsraten, Steigungen, Flächeninhalte und Bilanzen zu erkunden. Sie steigen mit einem selbstgemachten Rüstzeug in die Anfänge der Analysis ein. Beweise werden geführt, nicht, weil sie mathematisch wichtig sind, sondern weil sie zum *eigenen Anliegen* werden *im eigenen Aufbau* der hyperreellen Arithmetik. Es geht um Nachhaltigkeit. J. Dörr berichtet (Dörr 2017), dass Schüler bis zum Abitur auf die infinitesimale Argumentation zurückgriffen, was ihm mit Grenzwertargumenten nicht begegnet sei.

Die technischen Vorteile des infinitesimalen Einstiegs sind unübersehbar, wenn wir an die Differentiationsregeln, die Grenzwertsätze und den Hauptsatz denken. Die geheimnisvolle Manipulation von Zeichen bei der Substitution wird zur arithmetischen Umformung von Gleichungen (vgl. Handreichung 2020, 3.4). Nicht vorgeführt haben wir die anschauliche Ableitung der Sinus-Funktion (s. Baumann und Kirski 2019; Kuhlemann 2018a).

Diesen Argumenten für den Einstieg über infinitesimale Zahlen wird sich niemand wirklich verschließen können. Dennoch gibt es Gegenstimmen, die sich vehement wehren und allein den Grenzwertweg zulassen. In der Diskussion sieht es oft so aus, als ob es *entweder* um Infinitesimalien *oder* Grenzwerte ginge. Die Gegenstimmen leben von Vorurteilen. Immer ist es so, dass Urteile gefällt werden, ohne den infinitesimalen Einstieg wirklich zu kennen. Ein bemerkenswertes Beispiel ist der Artikel (Hischer 2017).

Diskussion

7

Was bringt Nichtstandard? Warum soll man die Seiten wechseln?

Es geht nicht darum, die Seiten zu wechseln. Das haben wir oft gesagt.

- Es geht darum, Nichtstandard wahrzunehmen und Standard um Nichtstandard zu erweitern.

7.1 Argumente für einen Einstieg mit infinitesimalen Zahlen

Wir haben im Elementaren gesehen, wie effektiv die Erweiterung ist. Der Einstieg in die Analysis kann anders werden. Er muss nicht durch die offenbaren Schwierigkeiten mit den Grenzwertprozessen belastet sein. Grenzwerte, die man aus Gründen der Vorbereitung auf das Studium und der in Grenzwerten geschriebenen Analysis nicht erübrigen kann, bekommen in den Infinitesimalien ein Gegenüber – etwa so, wie wir die Nachbarschaft, ja Verwandtschaft von beiden historisch beobachtet haben.

In der Einführung des Integrals ist das im Wechsel vom verschwindenden Δx zum unendlich kleinen dx sehr deutlich. Bei der Bestimmung der Ableitung hält der Differentialquotient den Grenzprozess der Differenzenquotienten quasi an.

Die mathematischen Vorzüge von Nichtstandard liegen auf der Hand. Denn Nichtstandard ist eine echte Erweiterung von Standard. Sie ist „konservativ", wie man sagt, da sie auf Standard aufbaut und Standard erhält. Besonders klar wird dies in dem Ansatz, den K. Kuhlemann in dem schon erwähnten Aufsatz Kuhlemann (2018b) vorstellt. In dem Ansatz, von dem wir hier ausgingen, erhebt sich über der *reellen Arithmetik* nicht nur die archimedische *Struktur* $\mathbb{R}$, sondern auch das nichtarchimedische $^*\mathbb{R}$.

T. Bedürftig und K. Kuhlemann, *Grenzwerte oder infinitesimale Zahlen?*, essentials,
https://doi.org/10.1007/978-3-658-31908-3_7

- Das effektive Angebot $^*\mathbb{R}$ kann man auf Dauer mathematisch nicht ausschlagen.

Das wäre unklug. Hyperreelle Zahlen ergänzen die Standardinstrumente und öffnen die Tür zu einem neuen mathematischen Bereich. K. Gödel sah die Nonstandardanalysis als Analysis der Zukunft (vgl. Vorwort zur 2. Auflage von Robinson 1966).

Infinitesimalien und infinite Zahlen machen Beweise einfacher und erleichtern Entdeckungen (vgl. Gödel, a. a. O). Sie vertiefen und erweitern die mathematische Anschauung. Historisch, so können wir vermuten, war der Aspekt der Anschauung eine wesentliche Kraft in der Entwicklung der Analysis im 18. Jahrhundert. Er war eine wesentliche Quelle mathematischer Inspiration. Diese Quelle darf man den Lernenden heute nicht vorenthalten.

Nichtstandard erweitert und vertieft das mathematische Denken. Das unendlich Kleine, ein traditionelles, bedeutsames Element des mathematischen Denkens, entsteht neu.

- Nichtstandard hebt mathematisch fest gewordene Vorstellungen und Reflexe auf,

die uns manchmal gar nicht bewusst sind. Die Zahlengerade ist das Standardbeispiel dafür. Sie ist die Identifikation von Zahlen und Punkten, von $\mathbb{R}$ und Gerade, von Arithmetik und Geometrie.

- Nichtstandard befreit das lineare Kontinuum von der „Besetzung“ durch Zahlen.

Die Zahlengerade wird, wie es immer war, zum *offenen Medium* der Veranschaulichung von Zahlen, auch der hyperreellen Zahlen, als Punkte. Das lineare Kontinuum ist keine Punktmenge. Setzt man $\mathbb{R}$ oder $^*\mathbb{R}$ als **Modelle** der Geraden, so ist die Gerade nur **theoretisch** – und vorübergehend – eine Zahlen- und Punktmenge.

Was ist mit den Punkten? Sie werden Monaden. Das sind Mengen von Punkten. Ein Punkt eine Menge von Punkten? Darüber kann man nachsinnen, und das geschieht in (Bedürftig 2015). Man beginnt, Mathematik anders zu denken.

7.2 Widerstände gegen einen Nichtstandard-Einstieg

Wieso, wenn alles so überzeugend ist, macht man Nichtstandard nicht schon längst? Man muss unterscheiden: In der mathematischen Forschung wird nichtstandard gearbeitet – von Spezialisten. „Allgemeinen“ Mathematikern, Dozenten und Lehrern aber ist Nichtstandard kaum bekannt oder wird von ihnen nicht respektiert. Es gibt Widerstände, die aber nur grundlose Verweigerungen sind. Warum?

Die Zurückhaltung wird aus Unkenntnissen, unbegründeten Annahmen und Befangenheit genährt. Wir greifen Motive heraus, die fundamental zu sein scheinen.

Logik genießt unter Mathematikern eine eher distanzierte Anerkennung, da es so aussieht, als ob sie für die mathematische Praxis nicht relevant sei. Nichtstandardanalysis wird oft als rein logische Erscheinung wahrgenommen, da sie, wie man meint, in „nur" logisch aufgefundenen Nichtstandardmodellen stattfindet. Logik arbeitet formal, Sprachebenen der Theorien unterscheidend, und nutzt die Ausdrucksschwäche der Prädikatenlogik erster Stufe. Es entsteht vielleicht der Eindruck eines logischen „Spiels", der die Akzeptanz der Nichtstandardmodelle und der Nichtstandardmethoden im mathematischen Alltag mindert.

Logik ist unbequem. Logik hinterfragt und „seziert" Mathematik. Ergebnisse aus der Logik über Unvollständigkeit, Widerspruchsfreiheit, Axiomatisierbarkeit, Entscheidbarkeit usw. sind berühmt, aber, wie man meint, ohne praktische Bedeutung. Unabhängigkeitsresultate wie für das Auswahlaxiom und die Kontinuumshypothese sind unangenehm, da sie die **Entscheidungshoheit** der Mathematik über die Mathematik aufheben. Hierher, in die Unabhängigkeit gehört auch die Entscheidung für Nichtstandard, die man *fälschlich* als Entscheidung **gegen** Standard aufzufassen scheint. Nichtstandard **und** Standard erscheint paradox. Also **beschränkt** man sich: auf Standard.

Ein Beispiel der Distanz zur Logik lesen wir in (Behrends 2003, S. 76).

> „Es gibt einen aus der Modelltheorie entstandenen und vor einigen Jahrzehnten viel diskutierten alternativen Zugang zur Analysis, in dem die ‚unendlich kleinen Größen' ein Comeback erleben (die Nonstandard-Analysis). Hauptvorteil ist, dass man endlich ‚versteht', was Leibniz und den anderen wohl vorgeschwebt haben könnte, außerdem kommt man viel schneller zu den Hauptsätzen der Analysis."

Über die Diktion sehen wir hinweg. Der letzte Teilsatz ist immerhin bemerkenswert. Gleich aber schränkt der Autor ein:

> „Dabei muss man sich allerdings, wenn man alles so streng wie allgemein üblich entwickeln möchte, sehr ausführlich mit sehr verzwickten Teilen der Modelltheorie beschäftigen, und deswegen spricht einiges dafür, dass diese Variante der Analysis nur eine Episode bleiben wird."

Selbst wenn etwas modelltheoretisch nachgewiesen ist, ist es nicht nötig, Modelltheorie zu betreiben, wenn man fundiert arbeiten will.

- Das Arbeiten im Modell braucht weder Konstruktion noch Modelltheorie (vgl. Bedürftig und Murawski 2019, 6.5).

Vorurteile dieser Art sind charakteristisch. Und: „so streng wie allgemein üblich“ ist nicht wirklich streng, wie K. Kuhlemann in (2018b) analysiert. Ist man streng, so zeigt sich, dass die infinitesimalen und infiniten Zahlen nicht ausgeschlossen, sondern nur verborgen sind und sichtbar gemacht werden können.

Als prominente Gegenposition zu E. Behrends sei noch einmal auf K. Gödel verwiesen, der es als Kuriosität (oddity) bezeichnete, dass es bis zu einer exakten Theorie der Infinitesimalien 300 Jahre brauchte (vgl. Vorwort zur 2. Auflage (Robinson 1966)).

Schluss 8

Wir haben viel über methodische Probleme erfahren, die es seit der Erfindung der reellen Zahlen und der Grenzwerte gibt. Die Probleme aber sind nicht nur methodischer Natur. Sie liegen tiefer. Die theoretische Mathematik, die oft wie eine Wirklichkeit gelehrt wird, verursacht die methodischen Probleme. Theorien erreichen die „Natur" und das „verstandesmäßige Denken" der Lernenden nicht, wenn sie nicht am Aufbau der Theorie beteiligt werden.

Was in methodischen Problemen neben den mathematischen Schwierigkeiten zum Vorschein kommt, ist Ausdruck von Traditionen, die sich ausgebildet haben und den Alltag der mathematischen Lehre durchziehen. Sie werden an die Studierenden weitergegeben und landen in der Schule, in der viele Lernende entmündigt abschalten. Didaktiker können hier, trotz großer Bemühungen und allen Aufwandes, kaum weiterhelfen. Sie arbeiten partiell an unlösbaren Problemen – und gehen dabei oft selbst von den mathematischen Traditionen und Gewohnheiten aus.

So wie man früher von Anschauung und Wirklichkeit als Grundlage ausgegangen ist, vertraut man heute auf die mathematischen Grundlagen, die vorausgesetzt, aber selten gelehrt werden. Der „normale Mathematiker" kennt die Grundlagen daher nicht immer und weiß dann nicht, was sie uns lehren. Es herrscht eine gewisse Unwissenheit über das Fundament, auf dem wir bauen.

Es scheint vergessen zu sein, dass die mathematischen Grundlagen, Mengenlehre und Logik, mathematische **Theorien** sind, keine Wirklichkeiten. Mathematiker, Menschen, haben sie geschaffen und ihnen ihre Axiome gegeben. Alle unsere Beweise reichen im Prinzip in sie zurück (vgl. (Bedürftig/Murawski 2019), Abschn. 5.6). In der Praxis ist diese Rückbeziehung kaum möglich. Daher ist das moderne Vertrauen in den Beweis eigentlich das alte Vertrauen. Es ruht auf einem **Konsens** der mathematischen Gemeinschaft, die darüber entscheidet, ob ein Beweis anerkannt wird oder nicht. Selbst wenn Beweise bis in die mathematischen

T. Bedürftig und K. Kuhlemann, *Grenzwerte oder infinitesimale Zahlen?*, essentials,
https://doi.org/10.1007/978-3-658-31908-3_8

Grundlagen zurückgeführt werden können, ist es auch hier der **Konsens** der mathematischen Gemeinschaft über eben diese Grundlagen, der die Beweise trägt.

Unsere Analysen und Alternativen in diesem Text gingen von den mathematischen Grundlagen aus. Was sie uns lehrten und bewusst machten, ist bemerkenswert. Sie lehrten uns infinitesimale Zahlen als Alternative zu den Grenzwerten für den Einstieg in die Analysis. Diese Erweiterung durch Nichtstandard ist ein großer Gewinn. Sie erweitert nicht nur, sondern weitet den Blick auf die Mathematik.

Nichtstandard aber untergräbt auch *Grundvorstellungen,* die sich im Laufe der Zeit gebildet haben. Entsprechend „allergisch" fällt manchmal die Abwehr aus. Durchaus verständlich wird das, wenn wir uns vor Augen führen, welche Vorstellungen und Denkgewohnheiten es sind, die wir aufgeben müssen, einfach, weil es Nichtstandard *gibt.* Wir zählen solche **Grundvorstellungen** einmal auf:

Mathematik ist archimedisch. Zahlen sind endlich. Geraden sind Kopien von $\mathbb{R}$. Die reellen Zahlen sind die Zahlengerade. $\mathbb{R}$ erfasst Raum und Zeit. Raum und Zeit bestehen aus Punkten. Punkte sind objektiv und ausdehnungslos. In ihnen ruht der Pfeil.[1] Nullfolgen repräsentieren die Null. $0,999\ldots = 1$.[2] Achilles überholt die Schildkröte.[3] Nichtstandard ist nicht Standard. dx, dy sind bloße Zeichen. Grenzwerte sind alternativlos.

Wer uns durch dieses Essential gefolgt ist und einen Einblick in die Grundlagen und Nichtstandard gewonnen hat, weiß, dass diese Vorstellungen mathematisch nicht haltbar sind.

Schlussworte

Bei allem Widerstand: Die methodischen und mathematischen Argumente haben wir klar formuliert und die Einsichten pointiert präsentiert. Die Alternativen sind da.

- **Es ist an der Zeit,** Standard um Nichtstandard zu erweitern
- und methodische und mathematische Konventionen zu überdenken.

Eine so einfache Sache wie die infinitesimalen Zahlen im Einstieg in die Analysis, die wir hier vorgestellt und diskutiert haben, hat uns bis in grundlegende Fragen über Mathematik und Grundannahmen im mathematischen Alltag geführt. Das Aufgeben mathematischer Denkgewohnheiten, auch das Abrüsten methodisch-digitaler Auf-

[1] s. (Bedürftig 2021)
[2] vgl. (Bedürftig/Murawski 2019), Abschnitt 6.2
[3] s. (Bedürftig 2017)

rüstung im Grenzwertzugang ist schwer. Das macht es der einfachen Sache nicht leichter.

Die einfache Sache selbst, unsere Darstellungen über den Einstieg in die Analysis mit infinitesimalen Zahlen, beschließen wir mit einer kleinen Variation des Zitats, das wir aus der Einleitung kennen (vgl. Behrends 2003, S. 237):

> [...], man muss wohl davon ausgehen, dass sich manche Erben der Analysis so etwas wie „unendlich kleine Zahlen" beim Arbeiten nicht vorstellen können. [...] Sie sind in guter Gesellschaft, wenn Sie mit dieser Situation Probleme haben, heute kann man kaum glauben, dass unendlich kleine Zahlen in unserer Zeit, also zu Beginn des 21. Jahrhunderts, noch immer nicht zum Handwerkszeug in der Lehre gehören.
>
> • „Sie *dürfen immer* (!)[4] die Ausdrücke dy und dx als eigenständige Größen verwenden."

[4] statt original „sollten niemals (!)".

Worüber Sie in diesem *Essential* gelesen haben and Literatur

Worüber Sie in diesem Essential gelesen haben.

Über

- die Mutation der alten infinitesimalen Größen zu den Grenzwerten, die in die Wende der Mathematik im 19. Jahrhundert führte,
- die Problematik des Grenzwertbegriffs und die Analyse von „Kunstgriffen" im Hintergrund der reellen Zahlen,
- die Rückkehr der infinitesimalen Größen als Zahlen in einen anschaulichen und arithmetischen Einstieg in die Analysis,
- eine Analyse von Vorurteilen und mathematischen „Denkgewohnheiten",
- einen Aufruf für die überfällige Erweiterung von Standard um Nichtstandard.

T. Bedürftig und K. Kuhlemann, *Grenzwerte oder infinitesimale Zahlen?*, essentials, https://doi.org/10.1007/978-3-658-31908-3

Literatur

Basiner, S. (2019). *Infinitesimale Größen. Bericht aus dem Unterricht.* Dortmund 2019. http://www.nichtstandard.de/unterricht.html, zugegriffen: 2.02.2020.

Bauer, L. (2011). *Mathematik, Intuition, Formalisierung: eine Untersuchung von Schülerinnen- und Schülervorstellungen zu* $0,\overline{9}$. J. für Mathematikdidaktik 32, 79–102.

Baumann, P., T. Bedürftig und V. Fuhrmann (Hrsg.) (2020). s. Handreichung (2020)

Baumann, P., T. Bedürftig und V. Fuhrmann (Hrsg.) (2021). s. Handreichung (2021)

Baumann, P. und T. Kirski (2016). *Analysis mit hyperreellen Zahlen*, Mitteilungen der GDM 100 (2016), S. 6–16.

Baumann, P. und T. Kirski (2019). *Infinitesimalrechnung - Analysis mit hyperreellen Zahlen*, Springer Spektrum, Berlin 2019.

Becker, O. (1954). *Grundlagen der Mathematik in geschichtlicher Entwicklung*. Alber, Freiburg-München 1954.

Bedürftig, T. (2015). *Was ist ein Punkt? - Ein Streifzug durch die Geschichte*. Siegener Beiträge zur Geschichte und Philosophie der Mathematik, Bd. 5, S. 1–21.

Bedürftig, T. (2017). *Die mathematische Spur der Schildkröte*, in Engel (2017), S. 121–147.

Bedürftig, T. (2018). *Über die Grundproblematik der Grenzwerte*, Mathematische Semesterberichte 65/2 (2018), S. 277–298, https://doi.org/10.1007/s00591-018-0220-0.

Bedürftig, T. (2020). *Infinitesimalien, Grenzwerte und zurück*, Siegener Beiträge zur Geschichte und Philosophie der Mathematik, Band 13, 2020 (erscheint demnächst).

Bedürftig, T. (2021). *Fliegt der ruhende Pfeil?*, Tagungsband Geschichte der Mathematik 2019, Mainz 2021 (erscheint demnächst).

Bedürftig, T. und R. Murawski (2017). *Historische und philosophische Notizen über das Kontinuum*, Mathematische Semesterberichte 64 (2017), S. 63–88.

Bedürftig, T. und Murawski (2019). *Philosophie der Mathematik* (4., erweiterte und überarbeitete, Auflage). De Gruyter, Berlin 2019.

Beetz, J. (2014). *Differentialrechnung für Höhlenmenschen und andere Anfänger*, Springer Spektrum, Berlin 2014.

Behrends, E. (2003). *Analysis I*. Vieweg & Sohn, Braunschweig/Wiesbaden 2003 (6. Auflage Springer Spektrum, Heidelberg 2015).

Behrends, E. (2004). Analysis Band 2. Vieweg, Braunschweig/Wiesbaden 2004.

Beutelspacher, A. (2010). *Albrecht Beutelspacher's Kleines Mathematikum. Die 101 wichtigsten Fragen und Antworten zur Mathematik*, C.H. Beck, München 2010

T. Bedürftig und K. Kuhlemann, *Grenzwerte oder infinitesimale Zahlen?*, essentials,
https://doi.org/10.1007/978-3-658-31908-3

Breger, H. (2009). *Vom Binärsystem zum Kontinuum: Leibniz' Mathematik.* In Reydon (2009), 123–135.

Cantor, G. (1932). *Gesammelte Abhandlungen mathematischen und philosophischen Inhalts.* Hrsg. E. Zermelo, Springer, Berlin 1932.

Cauchy, A. L. (1821). *Cours d'Analyse de l'École Polytechnique. Premier partie. Anaylse algébrique.* De Bure, Paris 1821.

Dörr, J. (2017). *Analysis mit hyperreellen Zahlen – Unterrichtspraktische Erfahrungen aus einem Leistungskurs.* Speyer 2017, https://wiki.zum.de/images/f/f7/Folien_Unterrichtsversuch_VA_Vallendar_08_09_Juni_2017, zugegriffen: 2.02.2020.

Du Bois-Reymond, P. (1882) *Die allgemeine Funktionenlehre. Teil I, Metaphysik und Theorie der mathematischen Grundbegriffe Größe, Grenze, Argument und Funktion*, Tübingen 1882.

Ebbinghaus, H.-D., J. Flum und W. Thomas (2007). *Einführung in die mathematische Logik*, Spektrum, Heidelberg 2007 (5. Auflage).

Engel, K. (Hrsg.) (2017). Von Schildkröten und Lügnern, Mentis Verlag, Münster 2017.

Fuhrmann, V. und Hahn, C. (2019). *Differentialrechnung ohne Grenzwerte, eine Unterrichtsreihe im Grundkurs, Schuljahr 2018/2019.* Worms 2019. http://www.nichtstandard.de/unterricht.html, zugegriffen: 2.02.2020.

Handreichung (2020): *dx, dy – Einstieg in die Analysis mit infinitesimalen Zahlen. Eine Handreichung. Teil I.*, Hrsg. Baumann, P.; Bedürftig, T.; Fuhrmann, V., Berlin, Hannover, Worms 2020. https://www.idmp.uni-hannover.de/fileadmin/idmp/Mathedidaktik/Forschung/Publikationen/beduerftig/Handreichung-2020.pdf, zugegriffen: 22.08.2020

Handreichung (2021): *dx, dy – Einstieg in die Analysis mit infinitesimalen Zahlen. Eine Handreichung. Teil II.*, Hrsg. Baumann, P.; Bedürftig, T.; Fuhrmann, V., Berlin, Hannover, Worms, erscheint 2021.

Heinsen, S. (2019). *Einführung der Differentialrechnung ohne Grenzwerte – Erfahrungsbericht aus einem Unterrichtsgang in einem (gymnasialen) Grundkurs.* Bolanden 2019. http://www.nichtstandard.de/unterricht.html, zugegriffen: 2.02.2020.

Hilbert, D. (1999). *Grundlagen der Geometrie.* B.G. Teubner, Stuttgart 1968 (11. Auflage).

Hilbert, D. (1925). *über das Unendliche.* Math. Annalen 95 (1925), S. 161–190.

Hischer, H. (2017). *„Grenzwertfreie Analysis" in der Schule via „ Nonstandard Analysis" ?*, Mitteilungen der GDM 103 (2017), S. 31–36.

Jahnke, H.N. (Hrsg.) (1999). *Geschichte der Analysis*, Spektrum Akademischer Verlag, Heidelberg 1999.

Kirski, T. (2019). *Lehrpläne GK Mathematik.* http://www.nichtstandard.de/FAQ.html, zugegriffen: 2.2. 2020.

Knoche, N. und H. Wippermann (1986). *Vorlesungen zur Methodik und Didaktik der Analysis*, BI, Mannheim 1986.

Kuhlemann, K. (2018a). *Über die Technik der infiniten Vergrößerung und ihre mathematische Rechtfertigung.* Siegener Beiträge zur Geschichte und Philosophie der Mathematik 10 (2018), 47–65.

Kuhlemann, K. (2018b). *Zur Axiomatisierung der reellen Zahlen*, Siegener Beiträge zur Geschichte und Philosophie der Mathematik 10 (2018), S. 67–105.

Kuhlemann, K. (2019). *Unendlichkeitslupe und infinite Vergrößerung*, https://www.karlkuhlemann.net/start/forschung/.

Kuhlemann, K. (2021). *Neue Blicke auf alte Infinitesimalien: Nichtstandard-Analysis und Leibniz' inassignable Größen*, Tagungsband Gechichte der Mathematik 2019, Mainz 2021 (erscheint demnächst).

Landers, D. und L. Rogge (1994). *Nichtstandard Analysis*. Spinger, Berlin Heidelberg 1994.

Laugwitz, D. (1986). *Zahlen und Kontinuum*. BI, Mannheim; Wien; Zürich 1986.

Leibniz, G. W. (1971). *Mathematische Schriften*. Hrsg. C. J. Gerhardt. Olms, Nachdruck Hildesheim 1971.

Leibniz, G.W. (2016). *De quadratura arithmetica circuli ellipseos et hyperbolae*. Hrsg. E. Knobloch, Springer Spektrum, Berlin (2016).

Lingenberg, W. (2019). *Konvergenz und Grenzwert im nichstandardbasierten Unterricht*, Mitteilungen der Gesellschaft für Didaktik der Mathematik 106 (2019), https://www.academia.edu/37281819/Konvergenz_und_Grenzwert_im_nichtstandardbasierten_Unterricht_Draft_Version_.

Meschkowski, H. (1962). *Aus den Briefbüchern Georg Cantors*. Archive for History of Exact Sci. 2 (1962–1966), S. 503–519.

Padberg F., R. Dankwerts und M. Stein (1995): *Zahlbereiche*, Springer Spektrum, Heidelberg-Berlin-Oxford 1995 (Nachdruck 2010).

Purkert, W. (1990). *Infinitesimalrechnung für Ingenieure – Kontroversen im 19. Jahrhundert*, in (Spalt 1990), S. 179–192.

Reydon, A.C.; H. Heit; P. Hoyningen (Hg.) (2009). *Der universale Leibniz - Denker, Forscher, Erfinder*. Franz Steiner Verlag, Stuttgart 2009.

Robinson, A. (1961). *Non-standard Analysis*. Indag. Math. 23 (1961), 432–440.

Robinson, A. (1966). *Non-standard Analysis*. North-Holland Publishing Company, Amsterdam, London 1966 (Revised edition Amsterdam, London 1974).

Schafheitlin, P. (Hrsg.) (1924). *Die Differentialrechnung von Johann Bernoulli aus dem Jahre 1691/92*. - Oswalds Klassiker der exakten Wissenschaft, Akademische Verlagsgesellschaft, Leipzig 1924.

Schmieden, C.; Laugwitz, D. (1958). *Eine Erweiterung der Infinitesimalrechnung*. Math. Zeitschrift 69, S. 1–39.

Spalt, D. D. (Hrsg.) (1990). *Rechnen mit dem Unendlichen - Beiträge zur Entwicklung eines kontroversen Gegenstandes*, Birkhäuser, Basel Boston Berlin 1990.

Spalt, D. D. (2019). *Eine kurze Geschichte der Analysis*. Springer Spektrum, Berlin 2019.

Thiel, Chr. (Hrsg.) (1982). *Erkenntnistheoretische Grundlagen der Mathematik*. Gerstenberg, Hildesheim 1982.

Väth, M. (2007). *Nonstandard Analysis*. Birkhäuser, Basel 2007.

Weierstraß, K. (1886). *Ausgewählte Kapitel aus der Funktionenlehre*. Vorlesung, gehalten in Berlin 1886, Teubner Archiv zur Mathematik, Bd. 9, Leipzig 1988.

Wunderling, H., P. Baumann und T. Kirski (2007). *Analysis – als Infinitesimalrechnung*; DUDEN PAETEC Schulbuchverlag, Berlin 2007.

Printed in the United States
By Bookmasters